U0246039

重庆工商大学学术著作出版基金
重庆工商大学数学与统计学院学科建设专项基金 | 资助

长江经济带的
比较优势与生态足迹研究

陈修素 陈睿 颜冬芹 肖凌志 崔泽筠 ◎ 著

中国财经出版传媒集团

经济科学出版社
Economic Science Press

图书在版编目（CIP）数据

长江经济带的比较优势与生态足迹研究/陈修素等著. --北京：经济科学出版社，2022.11

ISBN 978-7-5218-3984-5

Ⅰ.①长… Ⅱ.①陈… Ⅲ.①长江经济带-生态环境建设-研究 Ⅳ.①X321.25

中国版本图书馆 CIP 数据核字（2022）第 159828 号

责任编辑：程辛宁
责任校对：蒋子明
责任印制：张佳裕

长江经济带的比较优势与生态足迹研究

陈修素 陈 睿 颜冬芹 肖凌志 崔泽筠 著

经济科学出版社出版、发行 新华书店经销

社址：北京市海淀区阜成路甲 28 号 邮编：100142

总编部电话：010-88191217 发行部电话：010-88191522

网址：www.esp.com.cn

电子邮箱：esp@esp.com.cn

天猫网店：经济科学出版社旗舰店

网址：http：//jjkxcbs.tmall.com

固安华明印业有限公司印装

710×1000 16 开 9.75 印张 160000 字

2022 年 11 月第 1 版 2022 年 11 月第 1 次印刷

ISBN 978-7-5218-3984-5 定价：58.00 元

前　言

长江经济带横跨中国东、中、西三大区域，具有独特优势和巨大发展潜力。改革开放以来，长江经济带已发展成为我国综合实力最强、战略支撑作用最大的区域之一。长江经济带是国家级“三大发展战略”之一。长江经济带中各省份对其在长江经济带中的比较优势的正确认知和准确把握具有非常重要的意义。本书选择了多个统计和数学建模方法定量分析了在长江经济带的框架中各省份在人口、经济、制造行业、对外贸易、科技创新、区位和交通七个方面的比较优势情况。长江是中华民族的母亲河，是实现中华民族伟大复兴和永续发展的重要支撑。习近平总书记多次对长江经济带生态环境保护工作作出重要指示，强调涉及长江的一切经济活动都要以不破坏生态环境为前提，共抓大保护，不搞大开发。① 中国生态足迹总量占全球总量的1/6，并且排名世界第一。如果不加以干预和控制，这种超越环境容量和生物生态承载力的经济发展方式从长远角度而言是难以为继的，如何以有限的生态承载力支持快速增长的经济是中国生态文明建设必须解决的问题。生态足迹法是基于生物的物理情况对区域可持续发展进行定量评价的一种典型方法。生态足迹作为一种对自然环境压力程度的描述指标，体现了生态压力的状况，也反映了人类生产生活对生态环境中各类资源的占用。这种生态占用在地区与地区之间是否存在着空间上的相互

① 徐豪. 新时代“万里长江图”[J]. 中国报道，2018（6）：18-35.

影响，是否存在着空间溢出效应是需要讨论的问题之一。另外在地理区位的影响下哪些因素对生态足迹的变化影响显著。通过对以上问题的讨论，为长江经济带区域的生态文明建设与可持续发展战略提供决策支持。

本书收集了有关长江经济带11个省份2012~2016年的39个指标的相关数据。用人口红利指标和人均受教育年限指标描述了人口的比较优势，给出了一种新的人口优势指数的度量，并计算求得了各省份的相应值，获得了长江经济带各省份的人口优势的具体排位；筛选了反映各省份的经济综合实力的人均GDP、科技经费支出占GDP比重等9个指标用因子分析法综合评价了长江经济带11个省份的综合经济实力及其排位；用区位熵指数定量分析了长江经济带11个省份的制造业行业下31个产业的发展水平情况，其中重庆最具优势的3个产业是汽车制造业，铁路、船舶、航空航天和其他运输设备制造业，计算机、通信和其他电子设备制造业；用聚集指数分析了制造业行业下各产业的发展速度，得知重庆最具有发展潜力的产业是化学纤维制造业、金属制品业、木材加工及木竹藤棕草制品业等5个产业；用对外贸易总额、外贸依存度、显性比较优势指数等指标综合衡量各省份的外贸发展情况，获知各省份对外贸易在长江经济带中具有的比较优势情况；选用影响科技创新活动中的人力投入、资金投入、创新成果和创新环境4个方面的8个指标，利用功效系数结合熵值法分析了11个省份的科技创新水平及其排位，上海、浙江、江苏、湖北和重庆分别位列前一至五位；并借用宏观级差地租、交通便利指数等4个指标综合评价了各省份的区位优势的状况；上海、江苏、浙江和重庆分别位列前一至四位；筛选铁路、公路营业里程密度、内河航道里程密度等7个指标用加权TOPSIS法对各省份的交通系统进行了评价，上海、安徽、江苏、浙江和重庆分别位列前一至五位。

本书收集了长江经济带2008年、2011年、2014年和2017年4个年度的面板数据，运用协整模型对2017年的缺失数据进行了估计，使用实际播种面积替换耕地面积，首次计算了长江经济带的均衡因子及产量因子，由此修正并获得了更客观的上述4个年度长江经济带11个省份的生态足迹、生态承载力及生态盈余（赤字）的数据；以四年为一个跨度分析了长江经济带生态足迹、生态承载力及整体的生态状况变化情况，结果显示长江经济带大部分省份生态足迹逐年减少，生态资源得到一定程度的释放，虽然长江经济带生态承载力依然呈现减少的趋势，但大部分地区的降幅逐年缩小，反映出生态环境存在着较长的恢复期，说明长江经济带生态环境得到一定程度的恢复和稳定，长江经济带下游地区生态赤字问题较为突出，上游地区保持了较好的生态盈余状况；并对长江经济带生态足迹及生态承载力进行了空间相关性的全局莫兰检验和局部莫兰检验，验证了长江经济带11个省份的生态足迹和生态承载力在空间上存在着显著的空间相关性，本地区生态足迹受邻近地区生态足迹变化的影响显著，全局莫兰指数随着时间变化而增加，说明长江经济带的生产生活活动随着时间的推移而联系更为紧密，印证了长江经济带区域生态协调管理控制的必要性；最后尝试选择了进出口状况、生态容量及政府对生态环境保护的财政支出等多个方面构建了影响生态足迹的6个指标的指标体系，对2008年、2011年、2014年、2017年4个年度分别建立空间计量模型，通过信息准则进行最优模型筛选，选取空间杜宾模型（SDM）及空间杜宾残差模型（SDEM）对生态足迹的影响因素进行研究，确定了3个影响显著的因素，分别为：生态承载力、政府环境保护支出及第三产业产值占GDP的比重，而这些影响因素在不同时期会对生态足迹产生不同程度的影响。根据上述研究结论结合当下政策要求从长江经济带生态现状和长江经济带生态足迹影响因素两个视角分别提出缓解生态足迹、改善生态环境的对策及建议。

此成果是本课题组在完成重庆市2016年统计科学研究立项课题“重庆在长江经济带中的比较优势及战略定位研究”的基础上，进一步对长江经济带生态足迹展开研究所形成的。获2016年重庆市统计科学研究项目“重庆在长江经济带中的比较优势与战略定位研究”（990116018）和重庆市社会科学规划项目“长江经济带跨省域生态补偿测度与协同机制研究”（2021PY39）资助。并于2022年获重庆工商大学第一批学术著作出版资助计划（重庆工商大学数学与统计学院统计学学科建设专项基金）资助出版。

目　录

第1章 绪　论

1.1　研究背景、目的与意义

1.1.1　研究背景

长江全长约6300余公里，流域总面积180万平方公里，横贯中国东、中、西部，其干流流经11个地区，是世界第三长河。流经地区分别为：青海、西藏、四川、云南、重庆、湖北、湖南、江西、安徽、江苏、上海。海拔和气候等因素为长江流域带来了丰富的自然资源，在这样的基础上，长江流域也滋养了规模性较强的城市群落和各类型产业集群。[①] 2013年7月，习近平总书记在武汉考察时指出，长江流域要加强合作，充分发挥内河航运作用，发展江海联运，把全流域打造成为黄金水道。[②]

长江经济带所涉地区有别于长江流域，长江经济带包括的地区为：上

---

① 水利部长江水利委员会，http：//www. cjw. gov. cn。
② 贺广华，等. 奋力谱写新时代高质量发展新篇章［N］. 人民日报，2022-06-13（1）.

海、江苏、浙江、安徽、江西、湖北、湖南、重庆、四川、云南、贵州 11 个省份，面积约 205 万平方公里，占全国 21%。长江经济带 11 个省份人口总数约达 6 亿人，2019 年 1 月，在长江经济带发展统计监测协调领导小组工作会议上发布了《2018 年长江经济带发展统计监测报告》，报告显示，经初步核算长江经济带沿线 11 个省份 2018 年共实现生产总值 402985.24 亿元（袁微等，2019）。

2016 年 9 月印发的《长江经济带发展规划纲要》中明确指出了长江经济带“一轴、两翼、三极、多点”的发展新格局，长江经济带的发展立足长江的先天优势，实现地区之间相互带动，对区域的资源配置、产业结构优化、经济持续增长都有着积极的影响，长江经济带凝集了全国东、中、西部的主要地区，研究其生态足迹、生态承载力及生态盈余对全国经济的发展和区域振兴有着重要意义。长江经济带人口和生产总值均超过全国 40% 的经济圈。在研究的过程中，为表述方便把长江经济带分为上游、中游和下游 3 段来进行分析，其中长江经济带上游地区包括重庆、四川、贵州和云南 4 个省份；长江经济带中游地区包括安徽、江西、湖北和湖南 4 个省份；长江经济带下游地区包括上海、江苏和浙江 3 个省份。作为我国区域协调发展战略的长江经济带，是综合实力最强的区域之一，具有独特的战略地位，一直以来都备受重视。2014 年 9 月，国务院发布了《关于依托黄金水道推动长江经济带建设的指导意见》[①]，正式确立了长江经济带作为国家级发展战略的地位。2016 年 1 月 5 日，习近平总书记在重庆主持召开推动长江经济带发展座谈会并发表重要讲话，同年 9 月《长江经济带发展规划纲要》正式印发[②]，明确了长江经济带发展的战略定位、主要目标和重点任务，这一系列规划纲要的出台无不彰显出国家对发展长江经济带的高度重视。同时，作为经济带所覆盖的省份，也纷纷投入建设长江经济

---

① 国务院《关于依托黄金水道推动长江经济带发展的指导意见》[EB/OL]. http: //www. gov. cn/zhengce/content/2014 - 09/25/content_9092. htm.

② 长江经济带发展规划纲要 [EB/OL]. http: //www. ndrc. gov. cn/fzgggz/dqjj/qygh/201610/t20161011_822279. html.

带的大潮流中。浙江在2016年10月印发了《浙江省参与长江经济带建设实施方案（2016—2018年）》[①]，对浙江在长江经济带建设中应该如何发展，提出了高屋建瓴的指导意见和实施方案。湖北更是在2015年6月就发布了《省人民政府关于国家长江经济带发展战略的实施意见》[②]，结合湖北的实际情况，对如何贯彻落实国务院发布的《关于依托黄金水道推动长江经济带建设的指导意见》提出了相应的实施意见。

2018年4月25日，习近平总书记实地察看长江沿岸生态环境和发展建设情况后指出长江经济带发展共抓大保护、不搞大开发，首先是要下个禁令，作为前提立在那里。否则，一说大开发，便一哄而上，抢码头、采砂石、开工厂、排污水，又陷入了破坏生态再去治理的恶性循环。所以，要设立生态这个禁区，我们搞的开发建设必须是绿色的、可持续的。[③]

长江经济带覆盖了11个省份，其人口容量、经济地位不言而喻。习近平总书记强调，长江经济带发展事关重大，每一步都要稳扎稳打。从2016年1月重庆座谈会之后，长江经济带发展贯彻生态优先理念已经愈发明晰，不断深入人心。习近平总书记2018年4月到长江考察，其目的就是要进一步统一思想，并通过实地调研的形式进行分类指导。习近平总书记用“兵马未动粮草先行”打比方，在长江经济带发展上，这个“粮草”指的就是思想认识。习近平总书记强调长江经济带不是独立单元，涉及11个省份，要树立一盘棋思想，全面协调协作。[④]

中共十九大报告明确指出，我们要建设的现代化是人与自然和谐共生的现代化，既要创造更多物质财富和精神财富以满足人民日益增长的美好生活需要，也要提供更多优质生态产品以满足人民日益增长的优美生态环

---

① 浙江省参与长江经济带建设实施方案（2016—2018年）［EB/OL］. http：//www. zj. gov. cn/art/2016/10/19/art_12461_286112. html.

② 省人民政府关于国家长江经济带发展战略的实施意见［EB/OL］湖北省人民政府门户网站，http：//hubei. gov. cn.

③④ 霍小光．习近平总书记长江考察第二天［EB/OL］．新华网，2018-04-26.

境需要①。中共十九大报告为中国未来的生态文明建设和绿色发展指明了方向、规划了路线。当今时代，我们迫切地需要建立管理控制环境问题的长效机制，让环境管控为绿色发展起到指导性作用，有效引导企业转型升级，推进技术创新，走向绿色生产。

世界自然基金会（WWF）和中国环境与发展国际合作委员会（CCICED）共同发布的《地球生命力报告·中国2015》中运用生态足迹指标衡量人类对自然资源的需求和使用状况。报告呈现：中国生态足迹总量占全球总量的1/6，并且排名世界第一。即便中国的人均生态足迹低于全球平均水平，但是中国已经占用和消耗着自身生态承载力2.2倍的资源，这个现状带来的生态赤字已经给中国造成了一系列的环境问题，包括森林的过度采伐、淡水缺乏、干旱、土壤侵蚀、生物多样性丧失以及诸多的大气问题等（谢高地等，2015）。

中国幅员辽阔，不同省域之间的生态足迹和生态承载力存在较大的差距，中国生态承载力总量最高的9个省份就已经集中了全国50%的生态承载力，然而全国约35%的生态足迹总量发生在5个省份（谢高地等，2015）。如果不加以干预和控制，这种超越环境容量和生物生态承载力的经济发展方式从长远角度而言是难以为继的。如何以有限的生态承载力支持快速增长的经济是中国生态文明发展首要解决的问题。中国应该在合理配置生态资本，提高自然资源利用效率，推动能源可持续消费等几个方面控制生态足迹持续增长，进一步推动绿色中国转型快速实现。

1.1.2 研究目的与意义

长江经济带战略是我国重大的区域协调发展战略之一，对协调东、中、西部的发展，缩小其差距具有重要作用。借助黄金水道的天然优势，想要挖掘经济带上游的内需潜力，必须发展长江经济带，使经济增长空间向内

① 沈王一，常雪梅．建设人与自然和谐共生的现代化［N］．经济日报，2017－10－22（13）．

陆移动，而不再局限于沿海地区；同时长江经济带战略的有利作用明显，对优化沿江的产业结构、城镇化布局、经济提质增效升级、上中下游间的互动合作、协调发展，以及缩小上中下游间的差距都起着关键作用；对其他方面也有着很明显的促进作用，例如，建设陆海双向对外开放新走廊、国际经济合作竞争新优势的培育；对于长江生态环境的保护以及生态文明的建设具有促进作用，能够实现真正的绿色可持续发展，为人民建造一个美丽家园。而在《长江经济带发展规划纲要》描绘的长江经济带发展蓝图中，重庆、武汉、上海作为长江经济带中的三大核心城市，分别承担着引领长江上中下游经济发展的重要使命，在长江经济带发展中发挥着带头作用、引领作用，辐射、带动周边城市发展的作用。同时，重庆在国家的区域发展格局中具有独一无二的作用，因为随着西部大开发、“一带一路”以及长江经济带的提出，许多专家学者分别在西部大开发、“一带一路”和长江经济带不同框架下讨论过部分省份的比较优势，而在长江经济带的框架下对这些比较优势的研究普遍集中在定性研究的这类文献中，本书研究内容之一旨在对现有学者根据定性方法所提出的部分省份在长江经济带中的比较优势选用合适的定量方法和模型进行科学论证和确认，确认能有效促进相应省份社会经济发展进而带动长江经济带的协调发展的比较优势，从而为长江经济带社会经济发展进行各省份的战略定位提供有力支撑。研究内容之二是聚焦作为一种对自然环境压力程度描述的生态足迹指标，反映了人类生产生活对生态环境中各类资源的占用情况。其在长江经济带各地区之间是否相互影响，其空间溢出效应如何？在地理区位下影响生态足迹变化的主要因素又是什么？通过这些问题的讨论，对长江经济带区域规划和可持续发展提供决策支持。其研究过程中所选用的定量分析的方法和模型，对其他学者进行类似的问题探讨具有一定的参考意义和价值。

1.2 国内外研究综述

1.2.1 比较优势的研究现状

1.2.1.1 国外比较优势研究综述

斯密（Smith，1776）在《国富论》里提出了绝对优势理论，该理论的出现使得对于不同国家的分工与交换问题得到了解决，但该理论无法解释若一个国家相对于另一个国家在各个方面都处于优势的问题。因此，比较优势理论被李嘉图（Ricardo，1817）在绝对优势理论基础上提出来了。其比较优势理论中蕴含着“两利相权取其重，两弊相衡取其轻”的内生原则。李嘉图比较优势理论虽然经典，但在当时并没有得到广泛地实证检验，直到数理统计学科得到深入的发展，并广泛地应用到经济学中，才使得李嘉图的比较优势理论得到突破性的证明，其中对证明做出开创性贡献的是伊顿和科图姆（Eaton & Kortum，2002）提出的EK模型，在EK模型问世之前，麦克杜格尔（MacDougall，1951）率先对李嘉图的比较优势理论进行了实证研究，不过此时的验证也只是局限在两国两产品的简单验证。而多恩布什等（Dornbusch et al.，1977）对于李嘉图比较优势模型在连续型产品下进行了理论的探讨，这也意味着比较优势理论从简单验证两国产品模型上升到讨论两国连续型产品模型中。在比较优势理论发展进程中，还有其他学者对该理论作了不同程度的贡献，例如，赫克歇尔（Heckscher，1919）、俄林（Ohlin，1924）、萨缪尔森（Samuelson，1948）以及凡涅克（Vanek，2007）等经济学家都对比较优势理论进行了丰富和发展。本书的研究背景是基于长江经济带来讨论的，而长江经济带发展属于区域经济发展的范畴。关于区域经济的发展，国外学者也有相关的文献研究，例如：巴罗（Barrow，1998）基于开发目标角度，提出区域开发模式主要包括单一目标开发、双目标开发、多目标开发、综合开发与整体协调开发，且各类型的发展模式逐步演进和完善；莫林等（Maureenet et al.，2014）提出在区域经济发展的过程中，应注意行业转型的问题等。此外，国外学者从多种尺度研究了区域经济发展差异问题，并对发达国家的区域经济发展差异做了实证研究（Poon & Thompson，2004；Bradshaw & Vartapetov，2003）。基于长江经济带概念研究的文献主要出现在国内期刊，外文文献相对较少，但外文文献并不缺乏基于长江流域特别是长江三角洲地区的产业、城市和生态方面研究的文献（Luo & Shen，2009；Tao & Zhang，2013；Li et al.，2014）。而针对长江经济带战略，也有一些国外学者对此做了一定的研究。例如，一些学者研究评估了长江经济带的具体发展要素。越等（Yue et al.，2016）通过一系列指标研究分析了长江经济带七个大城市的蔓延程度，主要运用遥感摄影、人口普查和其他统计数据；徐（Xu，2016）分析研究了物流产业的发展情况，主要侧重于水路运输业；王等（Wang et al.，2015）提出了长江经济带港城联动发展的建议，该研究对长江经济带经济协同发展中的港口进行分析而得出的结论，与此同时总结了 3 个港口与城市协同发展的模型。也有对长江经济带多要素的发展做了研究评估，例如，郑等（Zheng et al.，2014）分析了长江经济带区域经济增长与资源环境的协同效应及其驱动因素，利用生态系统服务价值评价方法，发现呈上升趋势的只有协调发展程度，虽然其高于全国平均水平，但比较优势趋于弱化。

1.2.1.2　国内比较优势研究综述

自长江经济带概念提出以来，对现存的问题用比较优势理论进行分析的文章纷纷涌现，国内有很多专家学者对我国的区域经济发展作了不同程度上的研究，尤其近年来随着长江经济带的开发，关于长江沿岸大城市的发展方向及发展优势的论述也逐渐丰富起来。王丰龙和曾刚（2017）系统梳理了长江经济带研究的现状、重点和存在的问题，指出现有研究主要关注三大问题：长江经济带的区域地理特征、发展基础评估和发展谋略。陆玉麒和董平（2017）认为未来发展的新思路应立足于三大视角：基于流域视角的长江经济带要素耦合研究，基于双核视角的长江经济带空间布局研究，以及基于宜居视角的长江经济带人居环境研究。杨继瑞与罗志高（2017）对“一带一路”建设与长江经济带战略协同进行了思考，并给出了一些对策建议，该研究指出实现“一带一路”建设与长江经济带的战略协同需要政策协同机制、市场和商贸流通的协同机制、立体化网络化便捷化的设施协同机制、金融协同机制、人员交流和交往协同机制共同发挥作用。而本书主要讨论长江经济带中各省份的比较优势，因此在本书中，采用朱丽兰（2001）对比较优势的论述，针对比较优势的讨论，本书不能局限其讨论范围，一定要放到一个大系统中进行讨论，相对于绝对优势，它是一个相对概念，只有在一个系统中讨论才有意义。若某省份的利好因素与区域（长江经济带）内的其他地区相比较，其丰富程度或有利程度位于区域内地区优势排名的前列，就称之为某省份的比较优势。

在长江经济带中各省份比较优势的定量研究中，最关键的是对比较优势指标的选取和对综合定量方法（或模型）的选择。而关于比较优势指标的选取问题，许多学者的已有研究可以提供很好的参考和借鉴。其中，朱丽兰（2001）关于对西部大开发和其比较优势的研究，认为要认清自身的比较优势所在，依据比较优势发展对自己最有价值的经济领域，并指出人是比较优势中最重要的因素，人才和科学技术人员才是开发的主体，各地区应该认真培养地区人才，人才是地区塑造自身比较优势的重中之重。陈文玲（2016）认为与长江经济带其他地区相比，重庆具有政策集成优势、对外开发开放优势和经济发展的空间优势，是一个充满动感和活力，历史文化底蕴深厚的历史文化名城。吴文丽（2002）在对重庆西部大开发中的比较优势及战略定位研究中，采用定性和简单的定量方法对所选取的区位、综合经济实力、产业基础、市场容量、对外开放程度和交通运输等 6 个指标对重庆在西部大开发中的比较优势进行了分析，认为重庆是充分具备比较优势的地区，并指出重庆是西部大开发的重要增长极、长江上游的经济中心，将发挥其战略支撑、对外窗口、辐射带动三大功能。吴俊琰（2014）通过定性的方法对重庆在长江经济带中具有的比较优势进行研究，认为重庆在区位、资源、交通、政策和人口等方面具有比较优势。这些优势为重庆在长江经济带相关政策的实施中带来很多新的发展机遇。王佳宁等（2014）认为长江经济带建设的重要要素是立体交通网络建设、产业布局、生态安全保障、区域联动发展，并在研究中进行了定性的论述，认为长江经济带 11 个省份发展速度和行动步调不一。同时指出必须要加强长江经济带区域间的联动，加强顶层设计，建设长江经济带，注重错位竞争，实现差异化发展。王伟和孙芳城（2018）在理论分析基础上，建立金融发展和环境规制指数，以更全面的投入产出指标体系和非径向模型测算绿色全要素生产率水平，基于动态面板数据对长江经济带 107 个城市进行整体、分流域和分城市实证检验。此外，陈雁云和邓华强（2016）、彭智敏和冷成英（2015）等以制造业行业为主体，研究制造业行业的关联因素，在不同背景下对重庆的制造业行业进行研究。孔令富（2013）、宋融秋等（2016）选取对外贸易作为研究对象，对重庆的比较优势进行研究。于术桐等（2008）分析了中国 31 个省、自治区、直辖市包括水资源、耕地资源、森林资源等基础资源在内的优势度，根据分析结果得出中国资源优势差距明显，此外还对资源优势和经济优势进行了对比分析，得出资源优势明显的地区，其经济发展往往不好，经济优势明显的地方，其资源优势往往薄弱的结论。任俊霖等（2016）从水生态、水工程、水经济、水管理和水文化等方面选了 18 个指标构建了水生态文明城市建设评价指标体系对长江经济带 11 个省份的省会城市水生态文明建设进行评价。杨桂山等（2015）分析了长江经济带生态环境的现状特征，总结了长江经济带面临的一系列生态环境问题，建议加大保护生态环境力度。

而在定量比较方法的选择时，也可以从其他学者对类似问题的研究中获得启发。任雪梅（2004）运用描述性统计方法、回归分析等统计方法分析了我国东、西部地区 21 个省份的人口经济，揭示西部地区的人口经济落后于东部地区，并提出了一些发展建议。涂建军和李琪等（2018）基于长江经济带 129 个地级市（州）2000 年、2005 年、2010 年的统计数据，采用综合指数法评价长江经济带发展水平，并按尺度递减从全域、区域、省域、城市 4 个视角，利用探索性空间分析法（ESDA）和变异系数法分析了长江经济带经济发展差异，识别出经济差异重点区域。李敏和杜鹏程（2018）构建区域绿色持续创新能力评价指标体系，使用因子分析、多维尺度分析、聚类分析和方差分析技术，测算2005～2015年长江经济带各省份的区域绿色持续创新能力，展示了长江经济带各地区绿色持续创新能力的区域聚集情况与差异性水平。宋焕斌和孙鸿鹏（2007）用因子分析法对我国31个省份在2000年和2005年的经济实力进行了比较分析，并揭示了各地区的经济实力状况及变化情况。贾万敬和何建敏（2007）介绍了主成分分析和因子分析在评价区域经济发展水平中的应用，并用因子分析法对2005年江苏各地市的经济发展水平进行了实证分析。彭智敏等（2015）通过2005～2012年长江经济带各省份的制造业中部分产业的生产总值数据，利用区位熵和产业集聚指数对长江经济带各省份制造业进行了测度，而后在经济带分为下游和中上游的基础上，基于集聚视角下对各省份制造业进行比较分析。孔令富（2013）采用1990～2009年重庆的经济数据，运用Johansen协整分析，对重庆的对外贸易与经济增长关系进行实证检验，并分析对外贸易对重庆三大产业的影响。宋融秋（2016）等通过收集2005～2014年重庆对外贸易总额与地区指数等相关数据，利用灰色模型，分析目前重庆对外开放的程度并预测重庆未来的外贸潜力。王锐淇（2010）运用PCA和DEA方法，结合Malmquist指数，以重庆大中型工业企业的行业统计数据为分析对象，对行业科技自主创新能力进行评价，并分析其与产业技术进步的关系。易平涛和张丹宁等（2009）研究了动态中的无量纲方法，并改进了功效系数法。陈玉娟（2013）、李琳（2013）用不同综合评价方法对科技创新和区域竞争力进行综合评价以及分析这两者之间的作用机理。李惠杰等（2009）采用功效评分法结合熵值法，建立了一种简易可靠的综合评价模型，拓展了多指标问题的评价方法，并用该方法对中部地区的河南、湖北、湖南、山西、安徽、江西等6个省份的科技创新能力进行了比较分析。王成新等（2010）利用交通优势度评价模型，选取定性指标和定量指标一起作为评价指标体系，以山东139个县（市）区为例进行分析，之后利用SPSS软件，对山东各县（市）交通优势度进行聚类分析，将山东全省不同地区的交通优势度分为高、中高、中、中低、低五个等级。张泽义（2018）以城镇化综合指数为期望产出，并纳入环境污染，运用SBM方向距离函数和Luenberger生产率指数测算长江经济带112个地级市（州）2005~2014年的绿色城镇化效率、城镇化全要素生产率及其成分，采用Tobit模型实证分析影响绿色城镇化效率的因素。此外，自区域开发的国家战略出台以来，对比较优势使用定量方法进行研究的文献不断呈现，其所选方法不断增加。例如，于涛方、甄峰和吴泓（2007）基于“核心-边缘”理论，通过定量方法分析了新时期长江经济带的区域结构和重构基本特征与规律，并预测未来一段时间的基本趋势；郑长德（2007）用描述性统计方法定量分析了西部民族地区经济增长和对外贸易的关系；陈其兵等（2015）基于比较优势理论，采用规模比较优势指数、效率比较优势指数以及综合比较优势指数等方法对甘肃武威市2008~2012年县域经济作物比较优势进行实证分析；孙威等（2015）以长江经济带125个地级市（州）和2个直辖市为单元，采用主成分分析方法定量分析了长江经济带承接产业转移的能力，揭示了产业承接能力的空间分异特征和形成机制；周业付和罗晰（2015）用主成分分析法选取具有代表性的指标，运用协调度模型研究了长江黄金水道建设与流域经济发展协调关系；孙威和张有坤（2010）采用《省级主体功能区域划分技术规程》的技术流程和评价方法，基于山西107个县（市、区）级行政单元的单项指标和集成性指标的评价，分析了山西交通优势度的空间分布特征和成因；崔敬（2012）介绍了区位优势研究的定量方法；冯兴华等（2017）基于1988年、2001年、2012年长江经济带城市影响力指数及交通路网数据，运用Kernel密度分析法、分形理论、修正引力模型等方法对长江经济带城市规模结构演变、城市等级结构演变及城市体系演变进行深入分析；何逢标（2010）在《综合评价方法及MATLAB实现》一书中，也系统地介绍了常见的综合评价方法及MATLAB实现。

纵观以上文献可见，在西部大开发、“一带一路”和长江经济带等框架下对部分省份具有的比较优势研究主要集中在定性研究的这类文献中，尤其是在长江经济带的研究背景下对部分省份的比较优势的研究更是如此，归纳总结这些已有定性研究文献中所提及的部分省份的比较优势，可以发现，这些比较优势主要集中在人口、经济、制造行业、对外贸易、科技创新、区位、交通运输、政策、资源和生态等。同时也有少部分定量研究部分省份比较优势的文献，但多是用简单的统计描述的定量方法进行简单比较，选取的研究指标也相对较少，且其研究背景多半不是在长江经济带的框架下进行的，或所用的数据相对陈旧，专门针对部分省份在长江经济带的比较优势的定量方法的研究文献仍是较为稀少的。对上述学者所提出的每一个比较优势结论，通过充分的研究筛选出合适的定量分析方法和模型，收集长江经济带各省份有关数据依据定量的分析结果，对部分省份在长江经济带中是否具有该方面的比较优势进行科学论证，确认能有效促进部分省份社会经济发展进而带动长江经济带协调发展的比较优势。同时为部分省份的战略定位提供了决策支撑，达到促进相应省份经济发展，更好地发挥其在长江经济带中的带动作用，推动整个经济带实现"创新、协调、绿色、开放、共享"的发展目标。

1.2.2 生态足迹理论及应用的研究现状

生态足迹法是基于生物的物理情况对区域可持续发展进行定量评价的一种典型方法。关于可持续发展的定量评价体系，最初著名的生态学家奥德姆（Odum，1989）探讨了一个城市在能量意义上的额外的"影子面积"，提出了以能值为基准，把生态系统或生态经济系统中不同种类、不可比较的能量转换成同一标准的能值来衡量和分析，从而评价其在系统中的作用和地位，也就是能值分析法的诞生（Odum，1975，1989）。维图塞克等（Vitousek et al.，1986）测算了生态系统的净初级生产力（net primary productivity），净初级生产力表示着人类利用自然资源的状况，是深刻反映环境变化的指标；杰森等（Jasson et al.，1978）分析了波罗的海哥特兰岛海岸渔业的海洋生态系统面积；哈特威克（Hartwick，1990）提出了绿色国民净产值（green net national product）概念等，为量化可持续发展水平提供了更多理论支持。

国际上关于生态足迹的研究起始于 20 世纪 70 年代，建立在诸多生态经济学研究成果之上，由加拿大生态经济学家里斯（Rees，1992）提出生态足迹（ecological footprint，EF）的概念，再由其博士生瓦克纳格尔（Wackernagel，1996）进一步完善其理论和方法。研究主要包括生态足迹、生态承载力和生态赤字（或盈余）等概念和指标，里斯（Rees）将生态足迹形象地比喻为“一只承载着人类与人类所创造的城市、工厂等一系列生产生活活动的巨脚踏在地球上所留下的脚印”，这样一个形象化的比喻反映了人类对地球环境资源的占用，也包含了地区可持续发展的机制，即当地球所能提供的生物生产性土地面积无法容纳这只“巨脚”时，那么它所养育、承载的人类生活和社会文明终将坍塌和毁灭（鲁凤，2011）。生态足迹模型是一种通过定量计算某地区人类生产生活活动对自然生态资源使用程度的分析方法，它以生物生产性土地面积作为度量单位，通过计算在一定条件下维持资源消费和废弃物吸收所必需的生物生产性土地面积，同本地区所能提供的生物生产性土地面积即生态承载力进行比较，以定量判断该地区的人类生产生活活动是否在生态容量接受的范围之内（鲁凤，2011）。比克内尔（Bicknell，1998）在瓦克纳格尔（Wackernagel）和里斯（Rees）的传统概念基础上，将投入产出法首次运用于生态足迹的计算；芬（Ferng，2001）等研究者将投入产出法逐渐加以完善，从而使这种方法得到更为广泛应用；杰伦等（Jeroen，1999）针对不同地区生物生产力差异对生态足迹计算结果所产生的影响提出了改进意见；哈伯尔等（Haberl et al.，2001）首次将时间序列模型和生态足迹模型结合到一起进行研究；伦岑与默里（Lenzen & Murray，2001）在生态足迹计算中除了考虑二氧化碳排放外，还考虑了甲烷等其他的温室气体的影响，这些研究内容都在一定程度上提高生态足迹模型的数据精度。

国内学者也在这个阶段对生态足迹展开了研究。谢高地等（2001）引入废弃因子到生态足迹的计算方法当中对生态足迹算法进行了修正；徐中民等（2003）在生态足迹计算中充分地考虑了经济指标的影响，搭建了国内生产总值与生态足迹的连接；陈东景等（2001）修正了水域生态足迹的计算方法。一些学者也逐步将污染物足迹列入研究范围中。马涛（2005）对污染物足迹进行了初步研究，讨论了酸雨、三废等因素对生态足迹的影响；冯银等（2017）对中国人均能源生态足迹进行核算，在此基础上运用 STIRPAT 模型的变式，采用空间计量经济学的方法分析人均能源生态足迹影响因素的空间效应；周宁（2017）以重庆为研究领域，计算符合重庆实际的“市公顷”标准的均衡因子和产量因子，对均衡因子进行改进，计算重庆的生态足迹和生态承载力；王昕宇等（2018）采用改进的生态足迹理论对四川宜宾市的人均生态足迹进行了计算，以面板数据为依据分析各区县人均生态足迹与经济增长之间的关系；肖建武（2017）运用生态足迹模型对湖南所辖 14 个地级市（州）的生态足迹和生物承载力进行了计算，获取当地生态盈余和生态赤字情况，对生态补偿进行核算。

1.2.3 生态足迹影响因素的研究现状

国内展开了许多对生态足迹影响因素的研究。吴开亚（2006）运用偏最小二乘回归模型对生态足迹影响因子进行了研究，研究选取了人口、GDP、三大产业产值、固定资产投资、城镇居民消费、农村居民消费等 6 项指标作为影响因子；杨勇等（2007）选取了人均 GDP、固定资产投资、第三产业比重、恩格尔系数、人均耕地面积、城市化率、万元 GDP 能耗等 7 项指标对陕西铜川 1994 ~ 2003 年人均生态足迹的社会经济因素进行了分析；方建德（2009）选择了 6 个指标，包括人均 GDP、城镇化率、城乡居民消费水平、恩格尔系数、第二产业比重、重工业率，运用主成分回归方法，建立了人均生态足迹的驱动因子分析模型进行分析；朱新玲等（2017）以湖北为例通过因子分析法将诸多变量凝结成 4 个主要因子，包括经济因子、消费因子、产业结构因子和人口因子，并且认为经济因子和产业结构因子显著影响生态足迹并呈正向变动；白雪（2018）以天津为研究区域，选取 GDP、第一产业产值、第二产业产值、第三产业产值、全社会固定资产投资、总人口数、城镇人口、城镇居民人均消费支出、农村居民人均消费支出作为指标，通过偏最小二乘回归模型得到结论，认为耕地面积、全社会固定资产投资、农村居民人均消费支出和第三产业产值对生态足迹有显著影响。

其他研究者针对研究方法进行了改进。贾俊松（2011）引入梯阶偏最小二乘法对河南生态足迹的驱动因素进行研究，研究收集社会、经济、人口及资源等多方面共28个指标的数据，对河南生态足迹增长的驱动因素按重要性进行了排序；林黎阳（2014）使用了扩展的STIRPAT模型对福建生态足迹的驱动机制展开分析研究，研究表明人口数、城市化水平、人均GDP和第三产业比重对生态足迹均有正向的影响。

生态足迹作为一种对自然环境压力程度的描述指标，体现了生态压力的状况。国内学者从生态压力入手对影响因素进行了研究。秦晓楠（2015）以DPSIR概念模型作为基础，通过BP神经网络计算影响因素对被影响因素之间的权重系数，再采用DEMATEL方法对影响因素进行分析，针对我国27个沿海城市生态安全系统的特征和演变趋势进行研究。汪慧玲（2016）同样基于DPSIR概念模型为基础，构建了一个包括36个指标变量的生态安全评价指标体系，对我国2004～2013年的生态安全状况进行评价分析，研究利用层次分析法和熵值法求其权重系数，计算我国生态安全综合指数，并对我国生态安全指数进行具体分析。在此基础上进一步建立双对数线性回归模型，对驱动力、压力、状态、影响和响应5个因素的影响程度进行分析，认为压力因素对我国生态安全状况的影响程度最大。王宁宁等（2017）以江苏省苏州市为研究区域对生态足迹进行因素分析，利用STIRPAT模型，对人口、经济、科技水平3类因素进行分析，认为这3类因素均与生态足迹呈正相关。

1.2.4　空间计量模型理论及应用的研究现状

空间计量经济学起源于国外，这门学科的诞生以1979年佩林克和卡尔拉森（Paelinck & Klaassen，1979）的《空间计量经济学》出版为标志。在这之后由安色林（Anselin，1988）将空间计量经济学定义为：在区域科学模型的统计分析中，研究由空间引起的各种特性的一系列方法。该研究主要向我们介绍了空间计量模型，在计量模型中综合了区域、位置及与空间相关的影响，在模型的参数估计中也有地理参考意义的数据，这些数据可能来自空间上的点，也可能来自某些区域，前者特指经纬坐标，后者特指区域之间的相对位置。在上述的研究中，由于空间相关性而引起的空间滞后与时间序列所产生的滞后有着本质的区别。该研究还展示了两类主要模型：空间滞后模型（SLM）和空间误差模型（SEM）。同时在这两类基本模型的基础上将这两类模型进行合并，使模型同时具有空间相关性的两种特点，这就是空间杜宾模型（SDM），随着空间计量的发展，这种建立模型的方法被大家逐渐采用，因为空间杜宾模型不仅考虑了被解释变量的空间效应，同时还考虑了解释变量的空间效应。

国内有关空间计量方面的研究主要集中在应用上，早期主要从中国经济增长收敛趋势的角度进行了较多研究。林光平等（2005）较早地展开了这方面的研究，利用空间计量方法讨论了我国各省份实际人均国内生产总值的β收敛情况；吴玉鸣（2006）在巴罗（Barro）和萨拉－伊－马丁（Sala-I-Martin）新古典增长模型的基础上，采用截面数据分析了空间效应和β趋同效应及其成因，认为中国省域经济在地理上的空间正相关性明显增强。另外，部分学者对模型的空间矩阵选择和模型选择展开了研究。孙洋和李子奈（2008）研究了空间计量模型中空间加权矩阵的选取依据和方法，利用非嵌套的方法在众多个不同的备选空间加权矩阵中选取一个最合适的空间加权矩阵，然后研究通过我国不同省域的实际空间结构结合蒙特卡洛方法在计算机上模拟，验证文章中选取空间加权矩阵方法的有效性；曾召友和龙志和等（2008）结合贝叶斯（Bayes）理论针对空间计量经济模型的选择进行了研究，基于贝叶斯理论的空间计量模型筛选框架具有突出优势：一是在处理嵌套模型与非嵌套模型两种情形时具有逻辑一致性，二是该方法对大、小样本条件均适用，三是这种筛选指标的方法具有较好的可计算性，研究对中国电信服务的外溢性进行了实证分析；韩兆洲等（2012）将空间计量模型和面板数据结合，研究我国省域经济增长的协调发展和所受的影响因素之间的关系，研究表明我国区域经济发展存在着显著的空间相关性，并且在经济发展的不同阶段影响经济增长的因素也不同；张乐勤和方宇媛（2017）运用生态足迹压力测度模型对安徽16个地级市水资源生态压力进行了测算，采用空间自相关分析方法对水资源生态压力空间关联模式进行了分析，了解了安徽各地级市水资源生态压力空间关联性，借此制定差别化水资源可持续利用政策；柳思维和周洪洋（2018）通过建立空间滞后模型、空间误差模型与空间杜宾模型，研究发现人口城镇化过程中特别是相邻省份之间在流通业发展上存在竞争效应，城镇人口的跨省份流出可能会对本省份流通业发展产生负面影响，土地城镇化过程中固定资产投资和工业产出水平对周围省份流通业的空间溢出效应明显；李岩等（2019）通过考察生态区位因素对森林生态安全的影响，建立评价指标体系，研究其空间相关性的内在效应机制，运用熵权法、专家法及模糊物元法计算森林生态安全指数，然后结合气象类指标及地形类指标计算生态区位系数，再用该系数修正森林 ESI，同时结合 ArcGIS 技术、空间计量模型研究生态安全的评价和检测问题。

空间计量经济学的应用领域十分广泛，纵观现有的研究成果已经为我们提供了很好的研究基础，但仍然存在一些不足。其一，对于生态足迹影响因素研究而言，这类型的分析中主要运用偏最小二乘回归模型和 STIRPAT 模型对环境状态进行评价，鲜少考虑空间维度对区域溢出效应的影响；其二，对于影响因素的选取而言，现有研究中主要选取经济社会相关因素对生态足迹进行分析，鲜少考虑地区原本的生态承载能力及政府对生态问题的财政补偿等因素的影响；其三，对于生态足迹的数据精度问题还有改进空间。

1.3　研究内容、约定、研究方法与创新点

1.3.1　研究内容与约定

归纳总结上述文献中所提及的各省份的比较优势，主要有人口、经济、制造行业、对外贸易、科技创新、区位、交通运输、政策、资源和生态等方面，为了对各省份的上述比较优势进行有效可行的定量研究，根据对指标选

取的完整性与科学性、数据的可获得性、定量方法的恰当性等综合考虑，确定了本书主要研究内容之一为定量研究各省份在人口、经济、制造行业、对外贸易、科技创新、区位、交通等七个方面的比较优势的情况，对每一方面的比较优势通过选用科学的方法在长江经济带各省份该方面进行定量比较分析，研究各省份在长江经济带中是否具有该方面的比较优势，以及其比较优势的特征。而这七个方面之外的已有文献所提及的比较优势的其他方面，要么是其相关指标数据难以获取，要么就是现在难于找到合适的定量方法进行比较优势的分析，故对这些方面的比较优势暂不纳入本次研究。如政策等方面由于未找到恰当的定量方法对其进行度量，而资源方面则由于数据获取存在一些困难等原因，从而未列入本次研究内容。其中，人口是经济和社会发展的主体，城市的发展离不开人的劳动力和创造力，因此分析各省份的人口情况是十分必要的。而科技创新是推动经济社会发展的重要力量，是社会生产力发展的时代特征，所以在研究长江经济带比较优势内容中，这是一个不可或缺的需要考虑的方面；同时，交通系统是城市的重要组成部分，交通运输方式的完善程度与城市的规模、经济、政治地位有着密切的关系，交通运输的发达程度一定程度上体现着城市的发展水平，与城市的发展紧密相连；同样，经济、制造行业、对外贸易、区位都是影响一个地区经济社会发展的重要方面。各省份在这些方面是否具有比较优势对其经济社会发展的战略定位确定至关重要，因此是必须研究的内容。基于长江经济带生态环境建设的重要性和紧迫性，通过定性的对比和定量的模型分析，研究长江经济带生态足迹与生态承载力的现状、空间相关性、分布情况及动态变化、生态盈余以及生态足迹空间溢出效应及影响因素等内容。

基于研究讨论的需要和叙述的方便，在优势判断中进行约定：若某省份处于长江经济带的前五位，称该省份在长江经济带中占据比较优势；在前三位，则占据明显的比较优势。另外，对各省份在人口、经济、制造业行业、对外贸易、科技创新、区位以及交通运输七个方面的比较优势进行定量分析。

1.3.2　研究方法

（1）本书利用因子分析、熵值法和加权 TOPSIS 法等定量分析的方法研究长江经济带中各省份的比较优势。

（2）基于协整检验的时间序列回归模型对 2017 年部分缺失数据进行估计，完成后续 2017 年生态足迹的计算和空间计量模型的应用。

（3）通过生态足迹模型进行定性分析，对长江经济带各地的生态足迹和生态承载力的现状、变化情况进行定性分析，得到各年度各地区的生态盈余或生态赤字，展开地区间横向与年度间纵向的分析对比。

（4）通过空间计量理论及模型进行定量分析。采用全局 Moran's I 指数和局部 Moran's I 指数分析生态足迹和生态承载力的空间相关性，构建空间杜宾模型（SDM）和空间杜宾误差模型（SDEM）对生态足迹的影响因素进行分析。

1.3.3　本研究的创新点

（1）研究内容创新。在长江经济带背景下，目前国内大多数学者是研究的整个长江经济带的经济发展特征；也有一些学者对长江经济带的区域地理特征进行实证分析，经济发展水平的空间差异和经济联系等问题已经受到关注；还有些学者把长江经济带理解为一种发展战略，根据所要研究区域的一些宏观特征，提出相应的促进区域发展的建议；此外，也有学者定性研究了一些省份在长江经济带中的比较优势，但至今还未见有其他学者用定量分析的方法研究过长江经济带中各省份的比较优势。本书尝试利用因子分析、熵值法和加权 TOPSIS 法等定量分析的方法研究各省份在长江经济带中的比较优势。

（2）方法应用的创新。国内现有关于部分省份在长江经济带的比较优势研究中绝大多数采用的都是定性研究，而相应的定量研究却相对稀少，且多为简单的统计描述。本书收集大量的有关数据并进行适当的数据处理，选用多个合适的统计和数学建模分析方法，对已有定性分析的文献提及的各省份在长江经济带中某些比较优势分别进行定量的科学论证和确认。

（3）现有文献中大部分侧重于生态足迹的计算与理论改进，或者使用IPTA模型进行因素驱动分析或多元线性模型进行分析，或者主要研究了水源足迹、能源足迹等单方面的生态足迹的空间溢出效应，本书引入空间计量模型探讨了长江经济带完整的生态足迹的空间溢出效应及影响因素。视角独特，契合了长江经济带共抓大保护，不搞大开发的建设思路。

（4）使用实际播种面积替换耕地面积，首次计算了长江经济带的均衡因子及产量因子，由此修正并获得了更客观的长江经济带生态足迹的数据，由于开展研究时2017年的部分数据尚未公布，通过基于协整检验的时间序列回归模型对缺失数据进行估计，完成后续2017年生态足迹的计算和空间计量模型的应用，此估计方法有参考价值。

（5）在选取影响生态足迹因素的指标中，已有的研究文献主要选择水源足迹、耕地足迹作为生态足迹的影响因素，或者选择三大产业结构、社会经济状况作为生态足迹的影响因素进行分析，而本书首次选择了进出口状况、生态的容量及政府对生态环境保护的财政支出和补偿三个方面组建了影响生态足迹的六个指标的指标体系，用空间杜宾模型及空间杜宾残差模型对生态足迹的影响因素进行分析。

第 2 章 模型与方法介绍

2.1 因子分析法

在对区域经济进行研究的过程中，我们发现需要使用一种能够克服指标之间信息相关性及重叠性的方法。由于描述经济现象的指标众多，并且各指标之间不乏存在着一定的关联程度及领域上的相互覆盖现象，为了避免由此导致的复杂的分析过程，我们必须采用相对较少但代表性更强的变量替换原始变量，以起到精简分析过程，精炼数据信息的效果。通过这种方式对区域经济进行更深层次的探索，对经济现象做出更科学的解析。而因子分析法正是可以在降低变量维度，简化精炼信息内容的同时还能反映原始变量绝大部分信息的行之有效的方法。

数据的降维、简化技术众多，分类、聚类是处理多维数据的基本思路。因子分析正是其中一种综合了聚类和分类思路的较为常见的使用方法。因子分析是从众多的变量中直接提取共性因子的过程，它对众多变量之间的相关性进行聚合及分组，使得同一组内相关性高，不同组间相关性低，每一组内的变量通过线性组合构建了一个新的结果，这个结果即是我们所称的公共因子。其数学模型为：

$$X_i = l_{i1}F_1 + l_{i2}F_2 + \cdots + l_{im}F_m + \varepsilon_i, \ (i=1, 2, \cdots, p) \qquad (2-1)$$

其中，F_1，F_2，…，F_m 称为公共因子；ε_i 称为 X_i 的特殊因子，只对相应的 X_i 起作用。该模型可用矩阵表示为：$X = LF + \varepsilon$，这里

$$L = \begin{bmatrix} l_{11} & l_{12} & \cdots & l_{1m} \\ l_{21} & l_{22} & \cdots & l_{2m} \\ \vdots & \vdots & & \vdots \\ l_{p1} & l_{p2} & \cdots & l_{pm} \end{bmatrix}, \ X = \begin{bmatrix} X_1 \\ X_2 \\ \vdots \\ X_p \end{bmatrix}, \ F = \begin{bmatrix} F_1 \\ F_2 \\ \vdots \\ F_m \end{bmatrix}, \ \varepsilon = \begin{bmatrix} \varepsilon_1 \\ \varepsilon_2 \\ \vdots \\ \varepsilon_p \end{bmatrix} \qquad (2-2)$$

且满足 $m<p$。所以，我们可以得知不同的公共因子之间不存在相关性，同理，特殊因子之间及特殊因子与公共因子之间也是不具有相关性的。模型（2-2）中的矩阵 L 称为因子载荷矩阵；l_{ij}称为因子载荷，是第 i 个变量在第 j 个因子上的负载。

因子分析的步骤如下：

（1）对原始的指标数据进行标准化处理，得到标准化矩阵 X。本书用标准差标准化法，即 z 分数法对原始数据进行标准化，标准化后的变量均值为 0，方差为 1。

（2）求解因子载荷矩阵。因子载荷矩阵的求解方法很多，最常用的是主成分法，因此本书也将用主成分法求解因子载荷矩阵。用主成分法求解因子载荷矩阵的过程：

第一步，以样本的相关系数矩阵 R 为出发点。

第二步，继续对相关系数矩阵 R 做进一步的处理，求其特征值 $\lambda_1 \geqslant \lambda_2 \geqslant \cdots \geqslant \lambda_p \geqslant 0$ 及对应的标准正交化特征向量 t_1，t_2，…，t_p。

第三步，因为我们的目的是降低原始变量的维度，所以公共因子的个数 m 必然应该小于原始变量的个数 p，故而利用前 m 个特征值及其对应的特征向量得到因子载荷矩阵 $L = (\sqrt{\lambda_1}t_1, \sqrt{\lambda_2}t_2, \cdots, \sqrt{\lambda_m}t_m)$。

公共因子 F_j 对总方差的贡献为因子载荷矩阵中各列元素的平方和为：

$$S_j = \sum_{i=1}^{p} l_{ij}^2 \qquad (2-3)$$

由于数据标准化了，所以 p 个变量的总方差为 p，S_j/p 表示第 j 个公共因子

的方差贡献在所有方差中的比例。当提取的公共因子的特征值大于 1 或累计方差贡献率达到 85% 时，就可以用提取的公共因子代表原来的变量来研究问题。

（3）旋转并解释因子。初始的因子载荷矩阵不唯一，公共因子的意义并不明确，所以在初始因子载荷矩阵的基础上做进一步的转换，即因子旋转。因子旋转的目的是在不改变公共因子共同度的情况下，继续对初始的公共因子进行处理，使得每个公共因子对原始变量的贡献发生变化，就意味着使得旋转后的因子载荷两极化。因子旋转常使用正交旋转法，其中包括方差最大法、四次方最大法以及等量最大法，而最常用的是方差最大法。方差最大法的目的就是使得旋转之后的因子载荷尽可能地趋于分散，一部分的载荷趋近于 ±1，另一部分趋于 0。因此本章后面对因子载荷矩阵的旋转将选用方差最大法。

（4）计算各公共因子得分。在因子分析模型 $X = LF + \varepsilon$ 中，如果不考虑特殊因子的影响，假若取 $m = p$ 个公共因子，即表明公共因子和原始变量之间关系可逆，那么可以通过公共因子和原始变量之间的线性关系得到因子得分，但是由于降维的要求，公共因子的个数必然小于原始变量的个数即 $m < p$，因子载荷矩阵不可逆，因此不能直接得到一个明确的关于公共因子和原始变量的线性关系，那么只能对因子得分进行估计。回归法（regression）是一种估计因子得分的常规方法，公式为：

$$F = L^T R^{-1} X \tag{2-4}$$

其中，L^T 是旋转后的因子载荷矩阵 L 转置，R 为样本相关系数矩阵，X 为样本标准化后的数据矩阵，并称矩阵 $W = L^T R^{-1}$ 为因子得分系数矩阵。

（5）计算样本综合得分。以提取的各公共因子的方差贡献率占提取公共因子的总方差贡献率的比重作为权重，将各公共因子得分进行加权汇总，计算各样本的综合得分。

2.2 功效系数法结合熵值法

依据多目标规划原理，功效系数法通过功效函数把各指标转化为可以度量的评价分数，据此对各指标进行加权计算获得各被评价对象综合得分的方法。但由于在对时序立体数据进行无量纲化时，若采用静态问题中的无量纲化处理方式将会忽略掉原始信息中隐藏的增量信息，这将不甚合理，因此采用易平涛等（2009）针对此问题提出的“全序列功效系数法”对数据进行标准化处理。对于复杂的区域竞争力指标，要客观地评价各样本还应该确定各指标的权重，然后对各指标加权计算得到各个样本的评价分数。数据矩阵中a_{ij}的差异越大，则该指标对方案的比较作用越大，指标包含和传输的信息越多。而熵值法就是一种根据各指标数据传输给决策者信息含量的大小来确定指标权重的方法。熵越小说明系统越有序，携带的信息越多，越应该重视该指标的作用（李惠杰等，2009）。因此，熵可以用来度量信息量的大小。具体模型建立如下：

设需要综合评价动态立体数据为 m 个评价对象，n 个评价指标，T 年的发展状况。

第一步，根据所收集数据建立初始数据矩阵 A：

$$A = \{a_{ij}(t)\}_{mT\times n} = \begin{bmatrix} a_{11}(1) & a_{12}(1) & \cdots & a_{1n}(1) \\ \vdots & \vdots & & \vdots \\ a_{m1}(1) & a_{m2}(1) & \cdots & a_{mn}(1) \\ a_{11}(2) & a_{12}(2) & \cdots & a_{1n}(2) \\ \vdots & \vdots & & \vdots \\ a_{m1}(T) & a_{m2}(T) & \cdots & a_{mn}(T) \end{bmatrix} \tag{2-5}$$

其中，$a_{ij}(t)$ 表示按时间 t 排列的第 i 个评价对象第 j 项评价指标的数值。

第二步，利用全序列功效系数法确定功效系数矩阵 B。

全序列法的思路是将同一指标在各个时点的数据集中到一块，统一进行无量纲化处理，功效系数 $b_{ij}(t)$ 计算公式如下：

$$b_{ij}(t) = c + \frac{a_{ij}(t) - \min\limits_{i,k}\{a_{ij}(t)\}}{\max\limits_{i,k}\{a_{ij}(t)\} - \min\limits_{i,k}\{a_{ij}(t)\}} \times d \tag{2-6}$$

其中，$a_{ij}(t)$，$b_{ij}(t)$ 分别表示 t 时刻第 i 个被评价对象第 j 个指标的原始观测数据及无量纲化处理值；$\max\limits_{i,k}\{a_{ij}(t)\}$、$\min\limits_{i,k}\{a_{ij}(t)\}$ 分别为第 j 项指标在 T 时刻时序数据中的最大值和最小值。不失一般性，本书取 $c=60$，$d=40$。从而得到功效矩阵 B：

$$B=\{b_{ij}(t)\}_{mT\times n}=\begin{bmatrix} b_{11}(1) & b_{12}(1) & \cdots & b_{1n}(1) \\ \vdots & \vdots & & \vdots \\ b_{m1}(1) & b_{m2}(1) & \cdots & b_{mn}(1) \\ b_{11}(2) & b_{12}(2) & \cdots & b_{1n}(2) \\ \vdots & \vdots & & \vdots \\ b_{m1}(T) & b_{m2}(T) & \cdots & b_{mn}(T) \end{bmatrix} \tag{2-7}$$

进一步归一化即可定义标准化矩阵 $P=\{p_{ij}\}_{mT\times n}$，其中标准化值为：

$$p_{ij}=\frac{b_{ij}}{\sum\limits_{i=1}^{mT}b_{ij}},\ (0\leqslant p_{ij}\leqslant 1) \tag{2-8}$$

第三步，计算各项指标的信息熵值 e 和效用值 r。

第 j 项指标的信息熵值为：

$$e_j=-K\sum_{i=1}^{mT}p_{ij}\ln p_{ij} \tag{2-9}$$

式中，K 为常数，且 $K=1/\ln mT$；由于信息熵值 e_j 可用来度量第 j 项指标数据的效用价值，当信息完全无序时，$e_j=1$，此时 e_j 的信息，也就是第 j 项指标的数据对综合评价的效用值为 0。因此，某项指标的信息效用价值取决于该指标的信息熵值 e_j 与 1 之间的差值 r_j 为：

$$r_j=1-e_j \tag{2-10}$$

第四步，确定各项评价指标的权重 w_j。

利用熵值法估算各指标的权重，其本质是利用该指标信息的价值系数来计算，其价值系数越高，对评价的重要性就越大，或者说对评价结果的贡献就要大。第 j 项指标的权重为：

$$w_j=\frac{r_j}{\sum\limits_{j=1}^{n}r_j} \tag{2-11}$$

第五步，对样本综合评价。

用第j项指标的权重w_j与标准化矩阵中第i个样本第j项指标值b_{ij}的乘积作为a_{ij}的评价值，再对所有指标的评价值求和，得第i个样本的综合评价值，计算公式如下：

$$M_i = \sum_{j=1}^{n} w_{ij} b_{ij} \quad (2-12)$$

显然M_i越大，综合评价得分越高，样本的效果越好。

2.3 加权 TOPSIS 法

TOPSIS 法全名为逼近于理想解的排序方法（technique for order preference by similarity to ideal solution），是一种适合多指标、多方案决策分析的系统评价方法。它通过构造“正理想解”与“负理想解”来对多个决策方案进行排序。正理想解是一种设想的最好解或方案，它的各个属性值都达到各候选方案中的最好的值。负理想解是一种设想的最坏解或方案，它的各个属性值都达到各候选方案中的最坏的值。TOPSIS 通过计算某一方案与正理想解与负理想解之间的加权欧氏距离，得出该方案或该评价对象与正理想解的接近程度，以此作为评价各方案优劣的依据（何逢标，2010）。TOPSIS 法的计算步骤：

第一步，形成决策矩阵。

设参与评价的多指标决策问题的对象集为$M=(M_1, M_2, \cdots, M_m)$，指标集为$D=(D_1, D_2, \cdots, D_n)$，被评价对象$M_i$对指标$D_j$的值记为$x_{ij}(i=1, 2, \cdots, m; j=1, 2, \cdots, n)$，则形成的决策矩阵$X$为：

$$X = \begin{bmatrix} x_{11} & x_{12} & \cdots & x_{1n} \\ x_{21} & x_{22} & \cdots & x_{2n} \\ \vdots & \vdots & & \vdots \\ x_{m1} & x_{m2} & \cdots & x_{mn} \end{bmatrix} \quad (2-13)$$

第二步，决策矩阵的无量纲化及归一化。

为了消除各指标量纲不同对目标决策带来的影响，需要对决策矩阵进行无量纲化处理，构建标准化矩阵 $Y=(y_{ij})_{m\times n}$，由于本书选取的指标都是越大越优型指标，因此无量纲化处理采取以下方式进行：

$$y_{ij}=\frac{x_{ij}-\min(x_j)}{\max(x_j)-\min(x_j)} \tag{2-14}$$

其中，y_{ij} 为 x_{ij} 无量纲化后的值；$\max(x_j)$、$\min(x_j)$ 分别为第 j 个指标的最大值与最小值。然后再对标准化的矩阵 $Y=(y_{ij})_{m\times n}$ 进行归一化，设归一化的数据矩阵为：$Z=(z_{ij})_{m\times n}$。归一化公式如下：

$$z_{ij}=\frac{y_{ij}}{\sqrt{\sum_{i=1}^{m}y_{ij}^2}},\ (j=1,\ 2,\ \cdots,\ n) \tag{2-15}$$

第三步，确定有限方案中的最优方案 Z^+ 及最劣方案 Z^-。

最优方案 $Z^+=(Z_1^+,\ Z_2^+,\ \cdots,\ Z_n^+)$，最劣方案 $Z^-=(Z_1^-,\ Z_2^-,\ \cdots,\ Z_n^-)$。其中，$Z_j^+$，$Z_j^-$ 分别为：

$$Z_j^+=\max_{1\leqslant i\leqslant m}\{z_{ij}\},\ Z_j^-=\min_{1\leqslant i\leqslant m}\{z_{ij}\},\ (j=1,\ 2,\ \cdots,\ n) \tag{2-16}$$

第四步，计算各评价对象与最优、最劣方案之间的加权欧氏距离 D_i^+ 和 D_i^-。

$$D_i^+=\sqrt{\sum_{j=1}^{n}[w_j(z_{ij}-z_j^+)]^2},\ (i=1,\ 2,\ \cdots,\ m) \tag{2-17}$$

$$D_i^-=\sqrt{\sum_{j=1}^{n}[w_j(z_{ij}-z_j^-)]^2},\ (i=1,\ 2,\ \cdots,\ m) \tag{2-18}$$

其中，w_j 为各指标权重，利用均方差法对准化矩阵 $Y=(y_{ij})_{m\times n}$ 计算所得。

第五步，计算各评价对象与最优方案的接近程度 C_i。

$$C_i=\frac{D_i^-}{D_i^+ + D_i^-},\ (i=1,\ 2,\ \cdots,\ m) \tag{2-19}$$

其中，$C_i\in[0,\ 1]$，C_i 越接近于 1，表示第 i 个评价对象越接近于最优水平；反之，C_i 越接近于 0，表示第 i 个评价对象越接近于最劣水平。即 C_i 越大，评价结果越优。

2.4 生态足迹模型

生态足迹模型由加拿大生态经济学家里斯（Rees，1992，1996）正式提出，并由瓦克纳格尔等（Wackernagel et al.，1999）对其理论和方法加以完善，主要包括生态足迹、生态承载力和生态赤字（或盈余）等概念和指标。

2.4.1 基本概念

本书使用瓦克纳格尔等（Wackemagel et al.，2004）对生态足迹和生态承载力的定义。生态足迹（ecological footprint，EF）的概念是指维持一个地区、国家人口的生存所需资源和吸纳人类排放废弃物所需的生物生产性土地面积。生态足迹也称为生态占用，是人类活动对生态资源占用的一种体现；生态承载力（ecological capacity，EC）是特定区域和环境下所能存在的某种个体的极限，也是全球、全国或者整个研究范围内所有类型的生物生产性土地面积之和。生态承载力反映的是区域生态环境与资源的容量。将生态足迹和生态承载力进行比较，如果在一个地区生态承载力（EC）大于生态足迹（EF），这种状况称之为生态盈余，说明人类对生态环境和生态资源的占用处于本地区所能提供的生态承载力的范围内；反之，如果生态承载力（EC）小于生态足迹（EF），这种状况称之为生态赤字，意味着人类生态资源占用已经超过了本地区生态资源所能提供的界限。地区的生态赤字和生态盈余反映的是地区人口对自然环境和资源的占用情况、生态系统的安全稳定状态以及地区的可持续发展状况（韩召迎，2012）。

2.4.2 生态足迹模型综合法计算公式

目前生态足迹模型按照核算方式的不同分为三种，分别为综合法、成分法、投入产出法。其中，综合法是自上而下地利用国家级消费数据进行计算的方法；成分法是使用生命周期法，自下而上地对生产、消费行为以及原材料获取到产品最终处置的所有环节的消费数据进行计算的方法；投入产出法是利用投入产出表提供的信息，计算经济变化对环境产生的直接和间接影响，以及不同产品和服务的供给与需求间的相互联系（蒋依依等，2005；Venetoulis et al.，2008）。上述三种方法各有特点，其中，综合法的计算过程中消费以及产出的相关数据主要来自公开的统计资料，如历年统计年鉴，这类数据虽然易于获取但数据具有滞后性，同时计算较为粗略；成分法和投入产出法虽所需数据获取较难，但计算精度更高，更接近真实情况。在众多的研究中考虑到数据的获取难度，目前大多数研究均采用综合法进行计算（韩召迎，2012）。本书对生态足迹模型的研究也主要采用综合法进行计算与分析。

生态足迹综合法的计算公式为（韩召迎，2012；Haberl et al.，2001）：

$$EF = N \times ef \tag{2-20}$$

其中，EF 为总生态足迹，N 为人口数，ef 为人均生态足迹（公顷/人）。

人均生态足迹的计算公式为：

$$ef = \sum (r_j \times \sum_{i=1}^{n} A_i) = \sum [r_j \times \sum_{i=1}^{n} \frac{C_i}{(Y_i \times N_m)}] \tag{2-21}$$

其中，ef 为人均生态足迹（公顷/人）；r_j 为第 j 类生物生产性土地的均衡因子（国家公顷/公顷）；A_i 为人均第 i 种消费商品折算的生物生产性土地面积（公顷）；C_i 为第 i 种消费商品的消费量（千克）；Y_i 为第 i 种消费商品的年均生产能力（千克/公顷），即为第 i 种消费商品的世界平均产量；N_m 为该地区人口数量。

均衡因子代表着该地区某类生物生产性土地的平均生产力与该地区所有生物生产性土地的平均生产力的比值。为了使各类型的生产产品转化成同一形式便于比较，将生产产品转换成热量值，实现不同产品之间的加总计算。这种转换方法相对简单，具有很强的操作性和合理性。其计算公式为（高中良等，2010）：

$$r_j = \frac{P_j}{P} = \frac{\dfrac{Q_j}{S_j}}{\dfrac{\sum Q_j}{\sum S_j}} = \frac{\dfrac{\sum p_{jk}\gamma_{jk}}{S_j}}{\dfrac{\sum\sum p_{jk}\gamma_{jk}}{\sum S_j}} \tag{2-22}$$

其中，r_j 为第 j 类生物生产性土地的均衡因子（国家公顷/公顷）；P_j 为第 j 类生物生产性土地的平均生产力（千焦/平方千米）；P 为全部生物生产性土地的平均生产力（千焦/平方千米）；Q_j 为第 j 类生物生产性土地的生物量（千焦）；S_j 为第 j 类生物生产性土地的面积（公顷）；p_{jk} 为第 j 类生物生产性土地上第 k 类生物资源的产量（千克）；γ_{jk} 为第 j 类生物生产性土地上第 k 类生物资源的单位热值（千焦/千克）。

化石能源生态足迹与生物资源的生态足迹的计算方式不同，在计算能源消费商品的生态足迹时，将能源消费商品的消费量转化为化石能源土地面积，也就是以化石能源的消费速率来估计能源类自然资源所需要的土地面积。化石能源生态足迹的计算公式为：

$$ef_E = \frac{C_t \times w_t}{Y_t \times N_m} \tag{2-23}$$

其中，ef_E 为化石能源的人均生态足迹（公顷/人）；C_t 为第 t 种能源消费商品的消费量（吨标准煤）；w_t 为第 t 种能源消费商品的折算系数；Y_t 为第 t 种能源消费商品的世界平均能源足迹（吉焦/公顷·年）；N_m 为该地区人口数量。

建设用地生态足迹的计算公式：

$$ef_B = \frac{U_m}{N_m} \tag{2-24}$$

其中，ef_B 为人均建设用地生态足迹，U_m 为建设用地面积（$m=1, \cdots, 11$），N_m 为该地区人口数量。

生态承载力综合法的计算公式为（Wackemagel et al.，1999，2004）：

$$EC = N \times ec \tag{2-25}$$

其中，EC 为总生态承载力，N 为人口数，ec 为人均生态承载力（公顷/人）。

人均生态承载力的计算公式为：

$$ec = \sum a_j r_j y_j \tag{2-26}$$

其中，ec 为人均生态承载力；a_j 为各类生物生产性土地的人均现有面积（公顷/人）；y_j 为某研究区域第 j 类生物生产性土地的产量因子；r_j 为第 j 类生物生产性土地的均衡因子（国家公顷/公顷）。计算生态承载力时还要扣除12%的生物多样性保护面积。

产量因子表示某一个国家或者地区中某一类生物生产性土地的平均生产力水平与世界该类生物生产性土地的平均生产力水平之比。其具体的计算公式为：

$$y_j = \frac{d_j}{D_j} \tag{2-27}$$

其中，y_j 为某研究区域第 j 类生物生产性土地的产量因子；d_j 为某研究区域第 j 类生物生产性土地的平均生产力（千克/公顷）；D_j 为全球、全国或全部的研究区域内第 j 类生物生产性土地的平均生产力（千克/公顷）。

2.4.3 存在的优点与局限性

生态足迹分析方法中生态足迹和生态承载力均以土地面积为计量单位，这种方法将人类生产生活过程中的各种产品、能源消费按照一定比例折算成同一种土地面积，以生态生产性土地面积为切入点评价人类生产生活过程中对自然资源的占用及影响，表示地区的环境压力和危机。这种方法将人类的生产生活和其赖以生存的生态环境资源紧密地联系到一起，同时生态足迹现行的计算方法具有较高的可行性，数据的获取和计算等方面较为简便，因为其参数的设置特点，评述结果也具有一定范围的可比较性。在这样的基础上认为生态足迹模型作为一种对可持续发展状况的评价手段是较为有效的。

生态足迹模型在生态能力可持续性研究及生态补偿问题研究中发挥了极大的作用，但还是存在着一些不足之处，其中较为突出的问题就是模型的计算精度偏低的问题。第一，精度偏低降低了生态足迹模型在生态能力可持续性研究及生态补偿问题研究中的可靠性，由于大部分研究者使用的是传统生态足迹模型，其中普遍使用“全球公顷”作为均衡因子，这样在将各区域产量调整为世界平均产量的同时也使生态足迹指标过分简化；第二，通过“全球公顷”我们可以从全球的角度对生态资源占用情况进行国际之间的比较，但只反映出全球一般状况，没有反映出各区域的实际情况，从而导致许多区域信息丢失，不能充分说明区域土地利用可持续发展的差异程度，这就会使得一些国家的生态足迹核算结果与现实偏差较大，难以准确体现个体和区域的差异性（韩召迎，2012）。

2.4.4 修正与改进

使用“全球公顷”计算的生态足迹只适应全球范围内的比较而无法精准地反映出不同研究区域的具体情况，有学者提出基于“全球公顷”的计算方法提出“国家公顷”“省公顷”等更有针对性、更适应于不同研究范围的均衡因子，基于这种方法计算的地方生态足迹被认为更能精确、更可靠地反映不同地区的生态占用及生态容量现状（蒋依依等，2005；Haberl et al.，2001）。

目前计算方法中主要采用综合法，其数据来源主要依靠统计年鉴等公开数据，虽然数据容易获取但是其计算方法具有粗略性和延时性，为了避免这样的问题，现阶段一些学者在计算生态足迹时采用遥感技术获取研究地区的植被净初级生产力（NPP）等指标进行计算，从一定程度上克服了数据的粗略性（周宁，2017；常斌等，2007）。

生态足迹本身作为一个静态的指标主要通过测算得到数据，近年来许多学者使用生态足迹或生态承载力的历年数据进行模型拟合，包括时间序列模型和多元回归模型等方法，通过模型对未来年度的生态足迹或生态承载力进行预测，避免生态足迹计算过程中的局限性，提高了生态足迹数据的获取效率。

2.5 空间计量模型

空间计量学已经发展有二三十年之久，至今却未有一个统一的定义。但总而言之，空间计量学就是一门运用计量、概率论以及数字地图的方法对变量之间“空间”上的“因果”关系进行定量分析的学科（陈安宁，2014），与一般的计量方法有所不同的是空间计量学最关注的是变量之间在空间上的“自相关性”。

2.5.1 空间相关性

空间相关性主要包含两种特征，即空间依赖性和空间异质性。空间计量学与传统计量学之间的一个最重要的区别就是空间计量分析着重关注了数据在空间上的信息体现和区位关系。传统的计量分析中都忽视了样本数据本身的空间信息及其特性（肖光恩等，2018）。

空间依赖性是指不同区域内某类属性和现象在空间上形成互相关联，互相依赖，互相影响的关系。空间依赖性产生的原因有以下几点（肖光恩等，2018）：

第一，空间依赖产生于地理区位之间的邻近关系带来的影响。根据“地理学第一定律”，地理相邻的空间观测单位通常具有更强的相关性。

第二，空间依赖还产生于人类生产生活活动的相互影响和制约。人类活动之间存在着互相参照和模仿的特点，所以人类行为之间互相模仿的程度与地域之间的邻近关系息息相关，这种程度随着距离的增加而减少。

为了能够确认因变量所代表的区域间是否存在空间依赖性，最常用的方法就是利用全局 Moran's I 指数和局部 Moran's I 指数。全局 Moran's I 指数旨在分析空间数据在整个研究地域内所表现出来的相关性情况；局部 Moran's I 指数是分析在整个研究地域内的部分地区或者子地域所表现出来的相关性情况。

空间相关性分为正相关和负相关，不同于普遍意义下的正相关、负相关，空间领域内的相关性是如何理解呢？在空间中，一旦存在正相关性，意味着当随着空间分布距离的聚集，随自变量增长因变量也随之增长的趋势越发显著，负相关就意味着当空间分布距离的离散，随自变量增长因变量也随之增长的趋势越发显著。

（1）全局 Moran's I 指数。

全局 Moran's I 指数检验整个研究地域中邻近区间是否存在空间正相关（相似）、负相关（相异）或者相互独立的关系。计算公式如下（王周伟等，2017）：

$$I = \frac{n\sum_{i=1}^{n}\sum_{j=1}^{n} w_{ij}(x_i - \bar{x})}{\sum_{i=1}^{n}\sum_{j=1}^{n} w_{ij}(x_i - \bar{x})^2} \tag{2-28}$$

其中，n 代表研究地域内的地区总数；w_{ij}代表空间权重矩阵；x_i 代表第 i 个区域的属性值；$\bar{x}$ 代表全部地区属性的平均值。

Moran's I 指数 I 的取值一般在 -1 ~ 1 之间。当指数大于 0 时，表示空间具有正相关关系，其值越接近于 1，表示具有相似属性的地区聚集在一起，表明高值与高值相邻，低值与低值相邻；当指数小于 0 时，表示空间具有负相关关系，其值越接近于 -1，表明具有相异属性的地区聚集在一起，表明高值与低值相邻；当指数等于 0 时，表示整个研究领域的属性值是随机分布的，不存在空间相关性。

（2）局部 Moran's I 指数。

局部 Moran's I 指数检验局部地区是否存在相似或者相异的观测值聚集的情况。表明某个区域和它相邻区域之间的关系。计算公式如下（陈安宁，2014）：

$$I_i = \frac{(x_i - \bar{x})}{S^2}\sum_{j \neq i} w_{ij}(x_i - \bar{x}) \tag{2-29}$$

其中，S^2 代表属性的方差。

当 I_i 为正值时，表明一个高值被高值包围，或者一个低值被低值包围。当 I_i 为负值时，表明一个高值被低值包围，或者一个低值被高值包围。

（3） Moran 散点图。

空间异质性是指在不同区域上某类属性和现象存在着明显的差别和不同的数量关系。空间计量学的一个重要突破就是对这种涉及区位信息观测单位变化的数据关系进行识别、度量与估计。产生空间异质性最重要的原因是数据产生的非重复性和唯一性不满足数据随机生成的基本假设（蒋依依等，2005）。在实际的分析中，我们通常用 Moran 散点图来证明空间异质性。

Moran 散点图的本质是对被解释变量的当前观测值 y 及其空间滞后项 W_y 绘制散点图，上述提到的 Moran 指数是散点图中回归直线的斜率。在 Moran 散点图中划分为四个象限，当数据落在这四个象限中就表现出明显的空间异质性。我们以 2011 年长江经济带地区 11 个省份的财政环境保护支出为例，绘制 Moran 散点图，如图 2 - 1 所示。

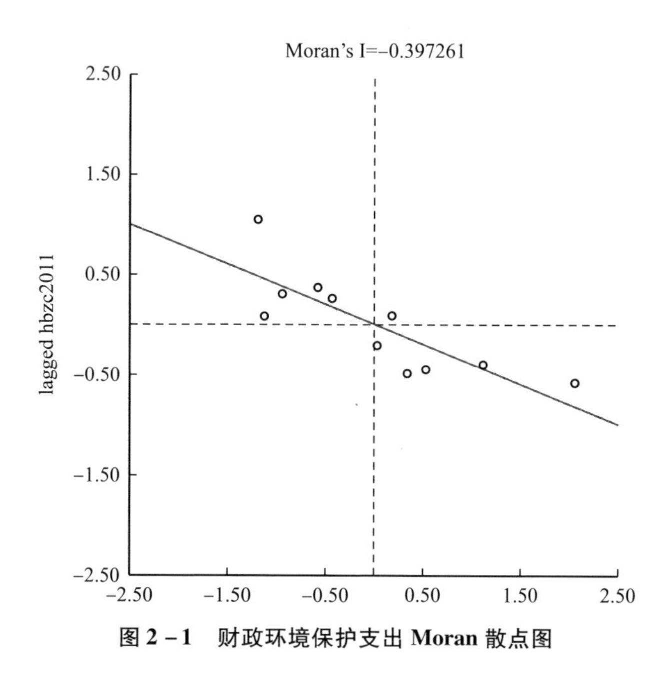

图 2 - 1　财政环境保护支出 Moran 散点图

第一象限，表示财政环境保护支出较高的省份其相邻省份的财政环境保护支出也较高，即为高值与高值的空间相关。

第二象限，表示财政环境保护支出较低的省份其相邻省份的财政环境保护支出却较高，即为低值与高值的空间相关。

第三象限，表示财政环境保护支出较低的省份其相邻省份的财政环境保护支出也较低，即为低值与低值的空间相关。

第四象限，表示财政环境保护支出较高的省份其相邻省份的财政环境保护支出却较低，即为高值与低值的空间相关。

长江经济带地区 11 个省份 2011 年的财政环境保护支出存在着空间相关性，这种相关性表现出了很大的差异性。

2.5.2 空间权重矩阵

我们在进行空间依赖性或者空间异质性的分析判断时，最重要的途径就是对地区的空间区位因素进行量化，空间权重矩阵就是这种量化的最常用的手段。空间权重矩阵分为“车式”邻接空间权重矩阵、“后式”邻接空间权重矩阵、k 最近邻空间权重矩阵三种（陈安宁，2014）。

2.5.2.1 “车式”邻接空间权重矩阵

“车式”邻接的定义是如果两个地域之间存在着公共的边界，就认定为“邻接”，否则认为“不邻接”。若地区 i 和地区 j 之间存在公共边界，表示为 $W_{ij}=1$；若地区 i 和地区 j 之间不存在公共边界，表示为 $W_{ij}=0$。

2.5.2.2 “后式”邻接空间权重矩阵

“后式”邻接的定义与“车式”邻接之间有一定相同之处，如果两个地域之间存在着公共的边界和公共顶点，就认定为“邻接”，否则认为“不邻接”。若地区 i 和地区 j 之间存在公共边界和公共顶点，表示为 $W_{ij}=1$；若地区 i 和地区 j 之间不存在公共边界和公共顶点，表示为 $W_{ij}=0$。

2.5.2.3 k 最近邻空间权重矩阵

k 最近邻的空间依赖关系需要设置邻居数 k，这个 k 值的含义是用于保证

每个地域拥有 k 个最近的其他地域。每个地域与这最近的 k 个临近地域之间的权重为它们的几何距离的递减函数值，而剩下其他地域之间权重取 0。常见的函数有：$1/d_{ij}$、$1/d_{ij}^2$ 和 $\exp(-\beta d_{ij})$ 等，其中 d_{ij} 表示地区 i 和地区 j 的距离。

2.5.3 基本的空间计量模型

在截面数据分析中常用的空间计量模型主要有一阶空间自回归模型、空间滞后模型、空间误差模型、空间杜宾模型和空间杜宾误差模型。

2.5.3.1 一阶空间自回归模型

一阶空间自回归模型（first-order spatial autoreg ression model，FAR），在实际运用中并不常见，模型的表达形式为（肖光恩等，2018）：

$$y=\beta Wy+\varepsilon,\ \varepsilon\sim N(0,\ \sigma^2 I_n) \tag{2-30}$$

其中，y 为被解释变量的离差形式，消除了模型中的常数项；W 为空间权重矩阵；Wy 代表空间滞后项；β 为空间自回归参数，度量临近观测单位对本观测单位的平均空间效应的大小；ε 为正态分布的随机扰动项。

对一阶空间自回归模型进行估算时，首先考虑使用最小二乘法，但最小二乘法估计的结果是有偏的，鉴于最小二乘法对一般空间自回归模型参数 ρ 的估计无效，所以在实际估算中常采用极大似然法对模型进行估计。

2.5.3.2 空间滞后模型

空间滞后模型（spatial lag model，SLM）也被称为一般空间自回归模型（spatial autoregressive model，SAR），是在一阶空间自回归模型的基础上增加了解释变量的矩阵 X，模型的表达形式为（肖光恩等，2018）：

$$y=\rho Wy+\beta X+\varepsilon,\ \varepsilon\sim N(0,\ \sigma^2 I_n) \tag{2-31}$$

其中，y 为被解释变量表现为 $n\times 1$ 阶向量；解释变量 X 表现为 $n\times k$ 阶向量；W 为空间权重矩阵；Wy 代表空间滞后项；ρ 为空间滞后项的系数，代表了空间中观测单位之间的相互关系；β 为空间自回归参数，反映解释变量对被解释变量的影响程度；ε 为正态分布的随机扰动项。

空间滞后模型也使用极大似然法来对未知参数进行估计。它的特点就是考虑到了被解释变量的空间滞后相关性。空间滞后模型所表达的现实意义是：如果我们所关注的被解释变量存在着空间相关性，那么只考虑其本身的解释变量对其进行估计和预测显然是不足的，那么在模型中适当地考虑由空间区位因素带来的空间相关性，就可以提升模型的精度，较好地对空间效应下的影响因素进行解释、估计和预测。

2.5.3.3 空间误差模型

空间误差模型（spatial error model，SEM）是指对模型中的误差项设置空间自相关的回归模型。在模型中各变量之间的相互关系通过其误差项的空间性质来展现。模型的表达形式为（肖光恩等，2018）：

$$y = X\beta + u,\ u = \lambda Wu + \varepsilon,\ \varepsilon \sim N(0,\ \sigma^2 I_n) \qquad (2-32)$$

其中，y 为被解释变量表现为 $n \times 1$ 阶向量；解释变量 X 表现为 $n \times k$ 阶向量；W 为空间权重矩阵；λ 代表误差项的空间相关系数；β 为空间自回归参数，反映解释变量对被解释变量的影响程度；模型中的误差项 u 由其空间自相关项 Wu 和正态独立同分布的随机扰动项 ε 组成。

空间误差自相关也可能是由于模型设置有误引起的，例如，遗漏变量或者对函数设定有误，同样使用极大似然法对模型进行估计。

2.5.3.4 空间杜宾模型

空间杜宾模型（spatial durbin model，SDM）是空间滞后模型和空间误差模型的组合与扩展，模型的表达形式为（肖光恩等，2018）：

$$y = \rho W_1 y + X\beta_1 + W_2 X\beta_2 + \varepsilon,\ \varepsilon \sim N(0,\ \sigma^2 I_n) \qquad (2-33)$$

其中，y 为被解释变量表现为 $n \times 1$ 阶向量；解释变量 X 表现为 $n \times k$ 阶向量；模型中包含两个空间矩阵，W_1 表示被解释变量的空间相关关系，W_2 表示解释变量的空间相关关系，两个矩阵可以相同，也可以不同；ρ 为空间滞后项的系数，代表了空间中观测单位之间的相互关系；加入一组额外的解释变量 W_2X 表示所有解释变量的空间滞后，其参数为 β_2；ε 为正态分布的随机扰动项。

空间杜宾模型同时考虑了被解释变量与解释变量的空间滞后相关性。包含了被解释变量的空间相关项和解释变量的空间相关项，也包含了解释变量的非空间相关项。

2.5.3.5 空间杜宾误差模型

空间杜宾误差模型（spatial durbin error model，SDEM）即考虑解释变量和误差项的滞后项。模型的表达形式为（王周伟，2017）：

$$y = \mu + X\beta + WX\theta + \varepsilon,\ \varepsilon = \lambda W\varepsilon + \nu \tag{2-34}$$

$$E(\nu_t) = 0,\ E(\nu_t\nu_t') = \delta^2 I_N$$

其中，y 为被解释变量；解释变量为矩阵 X；W 表示空间权重矩阵；μ 表示截距项；β 为空间自回归参数；λ 代表误差项的空间相关系数；ε 和 ν 为随机扰动项。

2.5.4 空间计量模型的选择

由于空间计量模型的类型较多，想要更好地呈现数据中潜在含义和规律就需要选择最恰当的模型进行拟合和估计，所以空间计量模型的选择也是组成空间计量理论的重要环节。空间计量理论中观测变量之间违背了传统计量模型中相互独立的假设，所以在模型的选择中也与传统计量模型所使用的方法较为不同（Haberl et al.，2013）。

2.5.4.1 基于 Moran's I 指数的空间计量模型选择

前文已经介绍过了 Moran's I 指数，Moran's I 指数主要体现空间相关性，该检验的原假设是模型不存在空间相关性，即便拒绝原假设，认为数据中存在空间相关性适合使用空间计量方法进行研究，但也不能够确定存在的空间相关性契合哪一种空间计量模型。所以 Moran's I 指数在空间计量模型选择上起到的作用是微乎其微的。

2.5.4.2 基于 LM 检验的空间计量模型选择

布里奇（Burridge）提出 LM_{SEM} 检验，安色林（Anselin）提出了 LM_{LAG} 检验，贝拉（Bera）和尹（Yoon）对 LM_{SEM} 检验和 LM_{LAG} 检验进行了改进，提出稳健 RLM_{SEM} 检验与稳健 RLM_{LAG} 检验。LM 检验是 Moran's I 指数的简单平方的结果，所以使用 Moran's I 指数和 LM 检验会得到相同的检验结果。上述 4 个 LM 检验的统计量分别是（Giuseppe，2018）：

$$LM_{SEM} = \frac{n^2}{\mathrm{tr}(W^T W + WW)}\left(\frac{\hat{\varepsilon}^T W \hat{\varepsilon}}{\hat{\varepsilon}^T \hat{\varepsilon}}\right)^2 \tag{2-35}$$

该检验设定备择假设为空间误差模型。

$$LM_{LAG} = \frac{n^2}{Q}\left(\frac{\hat{\varepsilon}^T W y}{\hat{\varepsilon}^T \hat{\varepsilon}}\right)^2 \tag{2-36}$$

其中，$Q = (WX\hat{\beta})^T (I - M_x) \frac{WX\hat{\beta}}{\hat{\sigma}_\varepsilon^2} + T$、$M_x = X(X^T X)X^T$、$T = \mathrm{tr}(W^T W + WW)$。该检验设定备择假设为空间滞后模型。

$$RLM_{SEM} = \frac{1}{T(1 - TQ)}\left(\frac{n\hat{\varepsilon}^T W \hat{\varepsilon}}{\hat{\varepsilon}^T \hat{\varepsilon}} - TQ^{-1}\frac{n\hat{\varepsilon}^T W y}{\hat{\varepsilon}^T \hat{\varepsilon}}\right)^2 \tag{2-37}$$

该检验设定备择假设为空间误差模型。

$$RLM_{LAG} = \frac{1}{Q - T}\left(\frac{n\hat{\varepsilon}^T W \hat{\varepsilon}}{\hat{\varepsilon}^T \hat{\varepsilon}} - \frac{n\hat{\varepsilon}^T W y}{\hat{\varepsilon}^T \hat{\varepsilon}}\right)^2 \tag{2-38}$$

该检验设定备择假设为空间滞后模型。

4 个 LM 检验的判别流程及判别标准如下：首先，对数据进行普通的 OLS 回归，对回归残差进行 LM 检验诊断，若在检验中发现 LM_{SEM} 和 LM_{LAG} 都不显著，那么采用普通 OLS 回归较为合适，这种情况下 Moran's I 指数与 LM 检验统计量如果发生了结果上的矛盾，一般是由于异方差性和非正态分布导致的 Moran's I 指数计算失真，所以有必要对 OLS 回归时的异方差性和正态性进行检验。若在检验中发现 LM_{SEM} 更显著，那么可以选择空间误差模型，同理若 LM_{LAG} 更显著，那么可以选择空间滞后模型；若在检验中发现 LM_{SEM} 和 LM_{LAG} 都显著，那么需要进一步进行稳健的检验诊断，若在检验中发现 RLM_{SEM} 更显著，那么可以选择空间误差模型，同理若 RLM_{LAG} 更显著，那么可以选择空间滞后模型。

LM 检验的缺陷是仅能在空间滞后和空间误差模型之间进行诊断和选择，没能包括空间杜宾模型在内，容易在模型选择中漏选更为合适的模型。

2.5.4.3 基于极大似然值及信息准则的空间计量模型选择

在不考虑区位因素的普通回归模型中我们经常使用对数似然函数值（Log likelihood，Log L）、赤池信息准则（Akaike information criterion，AIC），施瓦茨准则（Schwartz criterion，SC）等帮助我们进行模型选择，这个判别方法在空间计量中依然适用。

基于极大似然值，我们一般认为极大似然值更大的模型更适用当前数据情况，可是在实际情况中很多时候几个模型的极大似然值之间没有明显的差异，无法从中获取模型优选信息，于是在极大似然值的基础上产生了信息准则的判断方法。常用的信息准则。

例如，赤池信息准则、施瓦兹准则等。

（1）赤池信息准则：

$$AIC = -2\ln(L) + 2k \tag{2-39}$$

其中，$\ln(L)$ 表示极大似然函数值，k 代表模型中的参数个数，AIC 信息准则优先考虑 AIC 值最小的模型。

（2）施瓦兹准则：

$$SC = -2\ln(L) + k\ln(n) \tag{2-40}$$

SC 信息准则优先考虑 SC 值最小的模型。SC 惩罚项的值大于 AIC 惩罚项的值，即通常情况下 SC 选择的模型更精简。

信息准则诊断在模型选择时有很好的优势，它对嵌套模型和非嵌套模型均有较好的效果。

第3章 长江经济带各省份优势比较

3.1 人口比较优势分析

3.1.1 各省份人口基本情况

人口总量和人口密度是一个地区人口资源基本情况的指标；而人口红利指标则反映地区人口的年龄分布状况以及其对经济的助力作用，是与经济密切相关的一个指标；人均受教育年限可以反映一个地区的教育状况，可以用来衡量当地人口接受劳动技能的难易程度。因此，依据最新的统计数据，选取重庆的人口总量、人口密度、人口红利、受教育程度等指标进行分析，确定重庆在这些方面与长江经济带的其他省份相比是否具有比较优势。首先，讨论长江经济带11省份的人口总量和人口密度情况，计算数据如表3-1所示。

表 3 - 1　　2016 年长江经济带各省份人口基本情况

项目	上海	江苏	浙江	安徽	江西	湖北	湖南	重庆	四川	贵州	云南
人口总量占经济带比值（%）	4.09	13.53	9.45	10.48	7.77	9.95	11.54	5.15	13.97	6.01	8.07
人口密度（人/平方公里）	3841	780	548	444	275	316	322	370	172	202	124

资料来源：根据 2017 年《中国统计年鉴》计算所得。

从表 3 - 1 中可以看出，在整个长江经济带中，四川、江苏和湖南 3 个省份为长江经济带中人口资源总量最为丰富的，占经济带人口资源的 39.04%。其中重庆的人口总量仅占整个经济带的 5.15%，仅比上海富余，处于长江经济带的第十位，长江经济带上游地区的第四位。而在人口密度这一方面，上海和重庆位于经济带的第一位和第五位，重庆位于长江经济带上游地区的第一位，是经济带上游地区排名第二位贵州的 1.8 倍左右。

3.1.2　各省份的“人口红利”情况

“人口红利”指的是人口生育率的迅速下降造成少儿抚养比例迅速下降，同时老龄人口比重缓慢上升，二者共同作用的结果使得劳动年龄人口比例上升，总抚养比下降，在此期间，将形成一个劳动力资源相对丰富、抚养负担轻、于经济发展十分有利的“黄金时期”。在对长江经济带各省份的人口红利这一方面进行分析时，我们必须先获得各省份的总抚养比：

$$p_i = \frac{sum_{i0-14} + sum_{i65-}}{sum_{i15-64}} \tag{3-1}$$

其中，p_i 表示 i 省份的总抚养比，sum_{i0-14}表示 i 省份 0 ~ 14 岁的少儿抚养人口总数，sum_{i65-}表示 65 岁及以上的老年抚养人口总数，sum_{i15-64}表示 i 省份 15 ~ 64 岁的劳动人口总数。因我国近十几年，人口政策调整，以及国民生活水平的变动较大，故总抚养比数据选取的时间跨度不宜过大。同时，总抚养比虽是动态变化的，但是在没有什么特大外部条件刺激下变动幅度趋于平缓，走势方向趋于一致。综合考虑以上特点，现选取长江经济带各省份 2012 ~ 2016 年的总抚养比数据，同时，为了能够简单地对未来各省份总抚养比的情况进行预测，本书对总抚养比的年均增长率情况也予以考虑。其中，年均增长率公式如下：

$$\overline{p_i} = \left(\sqrt[4]{\frac{p_{i2016}}{p_{i2012}}} - 1\right) \times 100\% \quad (3-2)$$

其中，p_{i2016}表示 i 省份第 2016 年的总抚养比，P_{i2012}表示 i 省份在第 2012 年的总抚养比，$\overline{p_i}$表示 i 省份总抚养比在 2012 ~ 2016 年的年均增长率。最后根据各省份总抚养比在 2012 ~ 2016 年的年平均值和年均增长率编制成表 3 - 2。

表 3 - 2　　2012 ~ 2016 年长江经济带各省份总抚养比情况　　单位：%

项目	上海	江苏	浙江	安徽	江西	湖北	湖南	重庆	四川	贵州	云南
平均总抚养比	25.72	34.99	29.13	40.33	42.73	34.93	41.84	41.19	41.27	46.47	38.30
总抚养比年均增长率	8.41	3.41	5.09	0.70	1.45	2.92	0.40	0.11	1.99	-0.27	0.75

资料来源：2013 ~ 2017 年《中国统计年鉴》及地方统计年鉴计算所得。

现对表 3 - 2 进行分析，我们这里设定：只要总抚养比不超过 50%，就认为具有人口红利，同时，总抚养比越小，人口红利优势越明显。从表 3 - 2 中可以看出，2012 ~ 2016 年长江经济带各省份年平均总抚养比都不超过 50%，所以认为整个经济带都处于人口红利时期。对 2012 ~ 2016 年经济带各省份年平均总抚养比和总抚养比年均增长率由小到大进行排序，上海和重庆的年平均总抚养比在整个长江经济带中分别处于第一位和第七位，重庆在长江经济带上游地区中处于第二位。而重庆的总抚养比年均增长率无论是在整个长江经济带还是在长江经济带上游地区中，都处于第二位。所以，从目前来看，重庆在人口红利方面，虽然在整个长江经济带中不具有优势，但在长江经济带上游地区占据比较优势；在总抚养比年均增长率方面，重庆的总抚养比年均增长率在整个长江经济带和长江经济带上游地区都位于第二位，因此重庆的总抚养比年均增长率不管是在整个长江经济带还是长江经济带上游地区都占据比较优势，且比较优势显著。综合考虑长江经济带各省份2012～2016年的年平均总抚养比和总抚养比年均增长率情况，得到重庆在长江经济带上游地区具有“人口红利”优势，且这一优势在不断地增强；但由于贵州2012～2016年总抚养比年均增长率为负值，说明贵州的总抚养比在下降，因此未来一段时间，重庆在长江经济带上游地区的“人口红利”优势可能被贵州赶超。

3.1.3 人均受教育年限

人均受教育年限是反映一个地区整体人口受教育程度的一个量化指标，因此，本书以长江经济带各省份的人均受教育年限来衡量各个省份的受教育情况。现通过《中国统计年鉴（2017）》提供的人口按受教育程度分的6岁及以上人口数据计算长江经济带11个省份的人均受教育年限：用每组接受最高一级教育的人口数占6岁及以上人口总数的比重作为权数，对每组接受最高一级教育的普遍年限（小学为6年、初中为9年、高中和中专为12年、大学专科按15年计算、大学本科按16年计算、研究生统一按照19年计算）进行加总。计算公式如下：

$$
\begin{aligned}
\text{平均受教育年限} = & \frac{\text{小学人口数}}{\text{6岁及以上人口数}} \times 6 + \frac{\text{初中人口数}}{\text{6岁及以上人口数}} \times 9 \\
& + \frac{\text{高中（含中专）人口数}}{\text{6岁及以上人口数}} \times 12 + \frac{\text{大专人口数}}{\text{6岁及以上人口数}} \times 15 \\
& + \frac{\text{本科人口数}}{\text{6岁及以上人口数}} \times 16 + \frac{\text{研究生人口数}}{\text{6岁及以上人口数}} \times 19
\end{aligned}
$$

最后根据2016年全国人口变动情况抽样调查样本数据，计算得2016年长江经济带11个省份的各层次的受教育者占6岁及以上人口数比重及各省份人均受教育年限，整理并计算的数据编制成表3－3。

表3-3　2016年长江经济带各省份各层次受教育者占6岁及以上人口数的比重及人均受教育年限

省份	比重（%）								人均受教育年限（年）
	未上过学	小学	初中	高中	中专	大专	本科	研究生	
上海	3.38	13.12	32.16	14.73	6.56	12.05	15.12	2.87	11.01
江苏	6.21	22.26	35.80	13.55	5.57	9.21	6.66	0.75	9.44
浙江	6.61	27.36	35.23	12.00	3.61	7.47	7.22	0.51	9.06
安徽	7.37	27.17	43.17	10.25	2.67	5.47	3.68	0.23	8.52
江西	5.17	30.73	38.15	13.65	3.33	5.24	3.53	0.20	8.70
湖北	5.85	23.66	37.96	13.79	4.82	7.03	6.31	0.58	9.24
湖南	3.74	25.08	38.42	17.08	4.03	7.16	4.15	0.34	9.30
重庆	4.44	31.47	33.68	14.03	3.77	7.62	4.71	0.28	9.01
四川	8.44	32.62	36.22	10.46	3.27	5.38	3.44	0.18	8.25
贵州	11.47	33.98	36.62	8.10	2.82	3.90	3.03	0.08	7.73
云南	8.72	38.74	32.86	7.72	3.28	4.24	4.28	0.17	7.95
合计	6.58	27.93	36.82	12.35	3.94	6.68	5.23	0.46	8.87

资料来源：2017年《中国统计年鉴》及地方统计年鉴计算所得。

从表3-3可以看出，整个长江经济带的平均受教育年限是8.87年，其中下游地区的上海、江苏、浙江，中游地区的湖北、湖南，上游地区的重庆，这6个省份的平均受教育年限高于整个长江经济带的平均水平，其余5个省份的平均受教育年限低于平均水平，且按平均受教育年限从大到小对长江经济带各省份进行排序，可以发现，重庆的排位处于整个长江经济带的第六位，处于长江经济带上游地区的第一位，相较于排在第二位的四川，优势明显。根据以上的结果分析，可以知道重庆的人均受教育情况在整个长江经济带中并不占据优势，处于中下水平。但在长江经济带上游地区中，重庆的人均受教育情况占据着明显的比较优势。表3-3中未上学人口数占6岁及以上人口数的比重也是文盲率，从表3-3中可以看出，整个长江经济带的文盲率是6.58%，而重庆的文盲率是4.44%，远低于整个长江经济带的水平，且按文盲率从小到大对长江经济带各省份进行排序，可以发现，重庆排在整个长江经济带的第三位，排在长江经济带上游地区的第一位。综上分析，可以得到重庆的教育水平在整个长江经济带是占据比较优势的，且在长江经济带上游地区占据明显的比较优势。

3.1.4 人口优势指数

人口红利和人均受教育年限是描述一个省份人口是否具有比较优势的重要的两个方面，因此本书通过人口抚养比构建人口红利指数，度量方法如下：

$$人口红利指数=\frac{1}{人口抚养比指数}$$

再通过人口红利指数和人均受教育年限这两个指标构建人口优势指数，用人口红利指数得分评价长江经济带各省份的人口比较优势，根据专家建议，人口红利指数和人口平均受教育年限指标一样重要，因此，这里权重都为0.5，人口优势指数计算公式如下：

$$人口优势指数=0.5\times人口红利指数+0.5\times人均受教育年限$$

最后将2016年的人口红利指数和人均受教育年限数据归一化后进行计算，得到结果编制成表3-4。

表3-4　2016年长江经济带各省份归一化后的人口红利指数、人均受教育年限指数、人口优势指数得分及排序

地区	人口红利指数	人均受教育年限	人口优势指数	排序
上海	0.1567	0.1370	0.1469	1
江苏	0.1263	0.0927	0.1095	2
浙江	0.0957	0.1007	0.0982	3
重庆	0.0975	0.0966	0.0971	4
安徽	0.0724	0.0977	0.0851	5
云南	0.0772	0.0916	0.0844	6

续表

地区	人口红利指数	人均受教育年限	人口优势指数	排序
湖北	0.0804	0.0820	0.0812	7
贵州	0.0895	0.0715	0.0805	8
湖南	0.0676	0.0856	0.0766	9
江西	0.0755	0.0770	0.0763	10
四川	0.0612	0.0675	0.0644	11

资料来源：根据2017年《中国统计年鉴》及地方统计年鉴计算所得。

根据表3－4可以得到重庆的人口优势指数在整个长江经济带中排第四位，在长江经济带上游地区排第一位，根据本书的约定，重庆的人口在整个长江经济带中不具有比较优势，但在长江经济带上游地区中具有比较优势，且优势明显。

3.2 经济实力比较优势分析

长江经济带横跨我国东部、中部、西部三大区域，覆盖范围广泛，而各地区经济基础、地理条件、资源环境等各不相同，它们的经济发展状况差异较大，因而有必要了解长江经济带各省份的经济实力状况，从而明确重庆在长江经济带经济综合实力方面是否具有比较优势，并为重庆制定相应的发展战略提供有价值的理论支撑。本书选取反映区域经济实力的指标体系，并用因子分析法对长江经济带11个省份在2012年和2016年的经济实力进行了比较分析。

3.2.1 综合经济实力指标体系的构建

为科学、客观、准确地衡量长江经济带11个省份中各省份的经济综合实力，并依据指标选取的客观性、全面性、科学性和简洁性原则，本书以长江经济带11个省份为样本，选取9个指标对各省份的经济综合实力进行评价。具体包括：X_1 国内生产总值GDP（亿元），X_2 人均GDP（元/人），X_3 社会消费品零售总额（亿元），X_4 全社会固定资产投资总额（亿元），X_5 一般预算财政收入（亿元），X_6 货物进出口总额（万美元），X_7 第二、第三产业增加值占GDP比重（%），X_8 居民消费水平（元），X_9 科技经费支出占GDP比重（%）。

表3-5　　因子旋转后的特征根与方差贡献率

项目	2012年		2016年	
	F_1	F_2	F_1	F_2
特征值	4.798	3.845	5.345	3.295
方差贡献率（%）	53.307	42.723	59.394	36.606
累计方差贡献率（%）	53.307	96.030	59.394	95.999

资料来源：根据SPSS 20.0计算所得。

3.2.2 长江经济带11个省份经济综合实力因子分析

首先收集2012年和2016年长江经济带11个省份关于以上9个反映经济综合实力指标的数据，建立数据矩阵 $A=(a_{ij})_{9\times 11}$，其中 a_{ij} 表示关于第 i 个指标第 j 个省份的原始数据。根据搜集的数据利用第2.1节的因子分析法对长江经济带11个省份在2012年和2016年的经济实力进行综合分析，通过SPSS 20.0软件完成数据的计算（原始数据来自中华人民共和国国家统计局网站和各省份地方统计局网站）。

（1）对原始指标数据矩阵 $A=(a_{ij})_{9\times 11}$ 进行标准化处理并得到相关系数矩阵 R。

（2）相关性检验。2012年和2016年样本的相关系数矩阵都存在较高的相关系数。KMO检验和Bartlett球形检验的结果：2012年KMO统计量等于0.753，Bartlett球形检验的p值为0.000；2016年KMO统计量等于0.681，

Bartlett 球形检验的 p 值为 0.000。KMO 统计量值较大，说明进行因子分析的效果较好，Bartlett 球形检验的 p 值为 0.000，说明样本数据来自多元正态总体，因此，检验的结果表明数据比较适合用因子分析法。

（3）提取公共因子并解释公共因子。从表 3－5 中可以看出，根据特征根大于 1 以及累计方差贡献率大于 85% 的原则，2012 年和 2016 年两年都提取了两个公共因子。2012 年和 2016 年两个公共因子的累计方差贡献率分别为 96.030% 和 95.999%，两年的累计方差贡献率都远远地大于 85%，说明这两年分别提取的公共因子能够很好地解释原始变量 85% 以上的信息，因此这两年提取的公共因子可以很好地代表原始变量来分析长江经济带 11 个省份的综合经济实力。

从表 3－6 中可以看到，2012 年和 2016 年的第一个公共因子（F_1）都在指标 X_2、X_6、X_7、X_8、X_9 上有较大的载荷，说明“人均 GDP”“货物进出口总额”“第二、第三产业增加值占 GDP 比重”“居民消费水平”“科技经费支出占 GDP 比重”这 5 个指标具有较强的相关性，可以归为一类，这 5 个指标主要反映了经济的发展潜力，因此可以把第一个公共因子命名为“经济发展潜力因子”，在这个因子上的得分越高，该地区的经济越具有发展潜力；2012 年和 2016 年的第二个公共因子（F_2）都在指标 X_1、X_3、X_4、X_5 上有较大的载荷，说明“国内生产总值 GDP”“社会消费品零售总额”“全社会固定资产投资额”“一般预算财政收入”这 4 个指标具有较强的相关性，可以归为一类，这 4 个指标主要反映了经济规模，因此把第二个公共因子命名为“经济规模因子”，在这个因子上的得分越高，该地区的经济规模越强。

表 3－6　　旋转后的因子载荷系数

指标	2012 年		2016 年	
	F_1	F_2	F_1	F_2
X_1	0.334	0.941	0.423	0.904
X_2	0.937	0.337	0.965	0.232

续表

指标	2012 年		2016 年	
	F_1	F_2	F_1	F_2
X_3	0. 345	0. 920	0. 391	0. 904
X_4	-0. 056	0. 989	-0. 078	0. 987
X_5	0. 631	0. 752	0. 576	0. 802
X_6	0. 771	0. 585	0. 832	0. 488
X_7	0. 954	0. 142	0. 947	0. 136
X_8	0. 989	0. 056	0. 986	0. 105
X_9	0. 898	0. 302	0. 934	0. 181

资料来源：根据 SPSS 20. 0 计算所得。

（4）计算因子得分。根据表 3 -7 中的因子得分系数和原始变量的标准化值可以计算各公共因子的得分。

表 3 -7　　　　因子得分系数

指标	2012 年		2016 年	
	F_1	F_2	F_1	F_2
X_1	-0. 065	0. 283	-0. 043	0. 302
X_2	0. 214	-0. 039	0. 206	-0. 064
X_3	-0. 058	0. 274	-0. 051	0. 307
X_4	-0. 186	0. 368	-0. 184	0. 420
X_5	0. 054	0. 164	0. 108	0. 104
X_6	0. 123	0. 079	0. 130	0. 063
X_7	0. 252	-0. 113	0. 218	-0. 101
X_8	0. 278	-0. 150	0. 233	-0. 120
X_9	0. 208	-0. 045	0. 207	-0. 080

资料来源：根据 SPSS 20. 0 计算所得。

旋转后的因子得分表达式如下：

2012 年：

$$F_1 = -0.065X_1 + 0.214X_2 - 0.058X_3 - 0.186X_4 + 0.054X_5 + 0.123X_6 + 0.252X_7 + 0.278X_8 + 0.208X_9$$

$$F_2 = 0.283X_1 - 0.039X_2 + 0.274X_3 + 0.368X_4 + 0.164X_5 + 0.079X_6 - 0.113X_7 - 0.150X_8 - 0.045X_9$$

2016 年：

$$F_1 = -0.043X_1 + 0.206X_2 - 0.051X_3 - 0.184X_4 + 0.108X_5 + 0.130X_6 + 0.218X_7 + 0.233X_8 + 0.207X_9$$

$$F_2 = 0.302X_1 - 0.064X_2 + 0.307X_3 + 0.420X_4 + 0.104X_5 + 0.063X_6 - 0.101X_7 - 0.120X_8 - 0.080X_9$$

利用统计分析软件 SPSS 20.0 计算出长江经济带 11 个省份在 2012 年和 2016 年的各公共因子得分、综合得分及排序如表 3－8 所示。

表 3－8　因子得分、综合得分及排序

地区	2012 年					2016 年				
	F_1 得分	F_2 得分	综合得分	以综合得分排序	以 F_1 得分排序	F_1 得分	F_2 得分	综合得分	以综合得分排序	以 F_1 得分排序
上海	2.58	-1.01	0.99	2	1	2.47	-1.31	1.03	2	1
江苏	0.49	2.46	1.37	1	3	0.82	2.31	1.38	1	2
浙江	0.82	0.68	0.75	3	2	0.77	0.71	0.74	3	3
安徽	-0.48	-0.07	-0.30	8	6	-0.45	-0.05	-0.29	8	6
江西	-0.50	-0.51	-0.50	9	7	-0.49	-0.52	-0.50	9	7
湖北	-0.39	0.22	-0.12	4	5	-0.39	0.39	-0.09	4	5
湖南	-0.58	0.13	-0.26	6	8	-0.57	0.27	-0.25	6	8
重庆	0.12	-0.79	-0.29	7	4	0.09	-0.84	-0.26	7	4
四川	-0.64	0.46	-0.15	5	10	-0.60	0.47	-0.19	5	9
贵州	-0.64	-0.96	-0.78	11	9	-0.85	-0.83	-0.84	11	11
云南	-0.79	-0.62	-0.71	10	11	-0.81	-0.61	-0.73	10	10

资料来源：根据 SPSS 20.0 计算所得。

（5）比较与分析。

从表 3 - 8 中可以看出，在 2012 年与 2016 年江苏、上海和重庆在整个长江经济带中综合经济实力排名分别为第一位、第二位、第七位，重庆在长江经济带上游排名第二位，仅次于四川，因此根据我们研究的设定，重庆的综合经济实力在整个长江经济带中不具有比较优势，但在长江经济带上游地区具有比较优势，且与长江经济带上游地区综合经济实力占据第一的四川差距在缩小。

此外，根据表 3 - 8 中以 F_1 公共因子排名可以看出，在 2012 年和 2016 年重庆都排在整个长江经济带的第四位，排在长江经济带上游地区的第一位，而 F_1 公共因子是“经济发展潜力因子”，因此根据研究的设定，重庆的经济发展潜力在长江经济带中占据比较优势，在长江经济带上游占据明显的比较优势。这也说明重庆的经济发展潜力是巨大的。

3.3 制造行业比较优势分析

明确不同省份制造行业下的各产业的发展水平，了解自身在哪些产业中具有比较优势，对各省份认清自身制造行业中的优势与不足，明确未来自身制造行业的发展方向具有重要作用。而区位熵指数方法对产业的发展水平衡量简单可靠，所以，在这里我们采用该方法来衡量各产业的发展水平。其中，若某省份中某个产业的区位熵指数大于 1，说明该省份中该产业的发展水平位于整个长江经济带的中上水平，区位熵指数越大，说明产业的发展水平越高。现在我们对 2016 年长江经济带中各省份规模以上企业按行业进行分类的生产值数据进行收集，最后依据区位熵指数的计算公式：

$$LQ_{ij} = \frac{E_{ij} \Big/ \sum_{j=1}^{n} E_{ij}}{\sum_{i=1}^{m} E_{ij} \Big/ \sum_{i=1}^{m} \sum_{j=1}^{n} E_{ij}} \tag{3-3}$$

其中，LQ_{ij}表示 i 省份 j 产业的区位熵指数，E_{ij}表示 i 省份 j 产业的生产总值，m 和 n 则分别表示整个长江经济带的省份数和按行业分所有的产业数。对数据进行处理，求取各省份制造业中各产业的区位熵指数。这里，我们只考虑重庆制造行业中，产业区位熵指数在长江经济带排名前五位且大于 1 的产业，最后汇总成表 3－9。

表 3－9　　重庆在长江经济带中具有区位熵优势的行业及排名

行业	第一位	第二位	第三位	第四位	第五位
汽车制造业	重庆（2.76）	上海（2.29）	湖北（1.71）	—	—
铁路、船舶、航空航天和其他运输设备制造业	重庆（2.75）	湖南（2.02）	四川（1.1）	上海（1.0）	—
计算机、通信和其他电子设备制造业	重庆（1.81）	上海（1.73）	江苏（1.27）	四川（1.26）	—
造纸及纸制品业	湖南（1.80）	浙江（1.57）	江西（1.09）	重庆（1.0）	—
医药制造业	贵州（1.89）	四川（1.47）	云南（1.42）	江西（1.32）	重庆（1.02）

注：表中数据表示省份和该省份某产业的区位熵指数，其中“—”表示没有其他省份在该产业的区位熵指数是大于 1 的。

资料来源：根据长江经济带 2017 年各省份统计年鉴计算所得。

对表 3－9 的数据进行分析，可以得到以下结论：重庆的汽车制造业，铁路、船舶、航空航天和其他运输设备制造业，计算机、通信和其他电子设备制造业的区位熵指数排在长江经济带的首位，其中，汽车制造业和铁路、船舶、航空航天和其他运输设备制造业的区位熵指数远大于第二位的相应值，计算机、通信和其他电子设备制造业的区位熵指数略高于排在第二位的上海。可以判断出重庆在制造行业中的这三个产业在长江经济带中具有明显的比较优势。此外，重庆的造纸及纸制品业、医药制造业分别排在整个长江经济带的第四位与第五位，由本书讨论的设定可知，重庆的这些产业在长江经济带中虽具有比较优势，但并不明显。

之后，我们对长江经济带上游地区制造行业中的各产业在长江经济带上游地区中的区位熵指数进行比较分析，同样，这里也只考虑重庆在长江经济带上游地区排名前二并且区位熵指数大于 1 的产业，最后汇总成表 3 - 10。

表 3 - 10　重庆在长江经济带上游地区中具有区位熵优势的产业及排名

行业	第一位	第二位
汽车制造业	重庆 (2.99)	—
铁路、船舶、航空航天和其他运输设备制造业	重庆 (3.031)	四川 (1.11)
计算机、通信和其他电子设备制造业	重庆 (1.81)	四川 (1.26)
造纸及纸制品业	重庆 (1.00)	—
农副食品加工业	云南 (2.10)	重庆 (1.08)

注：表中数据表示省份和该省份某产业的区位熵指数，其中“—”表示没有其他省份在该产业的区位熵指数是大于 1 的。

资料来源：根据长江经济带 2017 年各省份统计年鉴计算所得。

对表 3 - 10 进行分析，可以得到以下结论：重庆在汽车制造业和铁路、船舶、航空航天和其他运输设备制造业，计算机、通信和其他电子设备制造业，造纸及纸制品业的发展水平的区位熵指数都位于长江经济带上游地区的首位，且与第二位相差明显。所以重庆的这些产业的专业化水平在长江经济带上游地区中占据明显的比较优势。而重庆的农副食品加工业的区位熵指数只位于长江经济带上游地区的第二位，且与位于第一位的云南的农副食品加工业区位熵指数差距明显，所以，重庆的农副产品加工业产业在长江经济带上游地区虽也具有比较优势，但不明显。

之后，对上述分析结果进行综合可知，重庆在整个长江经济带中占据比较优势的产业普遍分布在历史底蕴深厚型产业（如汽车制造业，铁路、船舶、航空航天和其他运输设备制造业）以及国家大力支持重庆发展型产业（如计算机、通信和其他电子设备制造业）。但是，不能单以目前产业的现状来衡量一个省份产业发展状况，同时还要与该省份各产业的发展速度结合起来进行综合考虑。

而产业集聚指数方法可以与衡量产业发展水平的区位熵方法很好地契合，同时其数据容易计算，结果可靠。所以本书选取产业的集聚指数这一指标来反映每个产业的发展速度，集聚指数越高，说明该产业发展（集聚）得也越迅速。利用下述公式来计算长江经济带各省份每个产业在考察期为［0，t］的产业集聚指数：

$$S_{ijt}=\sqrt[t]{\frac{E_{ijt}}{E_{ij0}}}-1 \tag{3-4}$$

$$S_{jt}=\sqrt[t]{\frac{\sum_{i=1}^{m}E_{ijt}}{\sum_{i=1}^{m}E_{ij0}}}-1 \tag{3-5}$$

$$A_{ij}=\frac{S_{ijt}}{S_{jt}} \tag{3-6}$$

其中，E_{ij0}和E_{ijt}分别表示i省份j产业分别在考察期的期初总产值和价格平减后的期末总产值，A_{ij}表示i省份j产业在［0，t］时期的产业集聚指数。$A_{ij}>1$、$0\leq A_{ij}\leq 1$和$A_{ij}<0$分别表示在i省份内制造行业中的集聚强化产业、集聚弱化产业和集聚衰退产业。现对长江经济带各省份2005～2016年制造行业中各产业的数据和价格指数数据进行收集，计算出长江经济带各省份制造行业中各产业在2005～2016年这一时期的集聚指数。这里只考虑重庆制造行业中集聚指数≥1、排名处于长江经济带前五的产业，汇总成表3－11。

表 3－11　　长江经济带各产业的集聚指数排名

项目	第一位	第二位	第三位	第四位	第五位
农副食品加工业	湖北（1.73）	江西（1.54）	重庆（1.39）	贵州（1.39）	云南（1.15）
食品制造业	云南（1.76）	湖北（1.68）	江西（1.66）	重庆（1.39）	贵州（1.33）
酒、饮料和精制茶制造业	湖北（1.60）	云南（1.26）	江西（1.22）	贵州（1.21）	重庆（1.10）
纺织业	江西（2.84）	湖北（2.37）	贵州（1.99）	重庆（1.59）	云南（1.43）
纺织服装、服饰业	云南（2.75）	贵州（2.39）	重庆（2.27）	江西（2.19）	湖北（1.82）
皮革、毛皮、羽毛及其制品和制鞋业	贵州（4.44）	江西（3.37）	湖北（3.11）	云南（3.03）	重庆（2.51）
木材加工和木、竹、藤、棕、草制品业	贵州（2.22）	重庆（1.94）	湖北（1.63）	江西（1.36）	江苏（1.22）
家具制造业	贵州（3.78）	江西（2.78）	湖北（1.85）	安徽（1.80）	重庆（1.62）
造纸和纸制品业	贵州（2.44）	重庆（2.23）	江西（1.87）	湖北（1.57）	湖南（1.05）
印刷和记录媒介复制业	重庆（1.78）	江西（1.46）	云南（1.46）	湖北（1.45）	江苏（1.36）
文教、工美、体育和娱乐用品制造业	云南（5.65）	重庆（4.13）	贵州（2.49）	江西（2.32）	四川（2.27）
石油、煤炭及其他燃料加工业	贵州（2.79）	四川（2.44）	重庆（2.26）	云南（1.89）	江苏（1.50）
化学原料和化学制品制造业	江西（1.89）	湖北（1.49）	江苏（1.07）	重庆（1.07）	—
医药制造业	江西（1.26）	重庆（1.22）	湖北（1.20）	江苏（1.19）	云南（1.04）
化学纤维制造业	重庆（2.69）	四川（1.44）	湖北（1.21）	江苏（1.20）	—

续表

项目	第一位	第二位	第三位	第四位	第五位
橡胶和塑料制品业	湖南 (3.63)	江西 (3.00)	重庆 (2.84)	湖北 (2.51)	云南 (1.87)
非金属矿物制品业	贵州 (1.82)	江西 (1.58)	湖北 (1.47)	重庆 (1.22)	湖南 (1.09)
黑色金属冶炼和压延加工业	重庆 (1.58)	贵州 (1.35)	江西 (1.32)	浙江 (1.40)	四川 (1.30)
有色金属冶炼和压延加工业	江西 (1.77)	重庆 (1.22)	湖北 (1.13)	江苏 (1.05)	—
金属制品业	重庆 (2.00)	江西 (1.89)	湖北 (1.77)	云南 (1.68)	贵州 (1.62)
通用设备制造业	江西 (2.37)	贵州 (1.78)	重庆 (1.54)	湖南 (1.44)	湖北 (1.42)
铁路、船舶、航空航天和其他运输设备制造业	湖南 (4.19)	江苏 (2.68)	贵州 (2.62)	四川 (1.84)	重庆 (1.63)
电器机械和器材制造业	江西 (1.94)	湖北 (1.50)	重庆 (1.34)	湖南 (1.24)	江苏 (1.21)
计算机、通信和其他电子设备制造业	重庆 (4.28)	江西 (2.84)	贵州 (2.29)	湖南 (1.94)	云南 (1.92)
其他制造业	四川 (5.16)	贵州 (4.17)	重庆 (4.11)	湖南 (2.33)	湖北 (1.92)

注：表中省份下的括号内数据是该省份在该产业的集聚指数，“—”表示已没有集聚指数≥1的省份。

资料来源：根据长江经济带2006年、2017年各省份统计年鉴计算所得。

通过表3-11可知，重庆的制造行业中的许多产业都具有很高的集聚指数，这说明在2005~2016年这段时间内，这些产业都得到了迅速发展。其中，如计算机、通信和其他电子设备制造业，医药制造业，有色金属冶炼及压延加工业等集聚指数处于整个长江经济带前三位的产业就有17个，这些产业的发展速度在长江经济带占据着明显的比较优势，而处于长江经济带第四位、第五位的产业也有 8 个，这些产业在发展速度方面优势尽管并不明显，但是在整个长江经济带中还是具有比较优势。同时，在整个长江经济带的大环境中，对重庆的产业集聚指数具有明显比较优势，并且区位熵指数不占据比较优势的产业数据进行收集整理，最后绘制成表 3 – 12。

表 3 – 12　　　　重庆市制造行业部分产业发展情况

产业	2005 ~ 2016 年集聚指数（排名）	2016 年区位商指数
化学纤维制造业	2. 69（第一位）	0. 07
橡胶和塑料制品业	2. 84（第三位）	0. 97
金属制品业	2. 00（第一位）	0. 87
木材加工和木、竹、藤、棕、草制品业	1. 94（第二位）	0. 38
文教、工美、体育和娱乐用品制造业	4. 13（第二位）	0. 43
纺织服装、服饰业	2. 27（第三位）	0. 22
石油、煤炭及其他燃料加工业	2. 26（第三位）	0. 16
有色金属冶炼及压延加工业	1. 22（第二位）	0. 87

资料来源：根据长江经济带 2006 年、2017 年各省份统计年鉴计算所得。

对表 3 – 12 进行分析，重庆制造行业在下属产业中，重庆目前虽然并不具有较高的区位熵指数，但这些产业的集聚指数却是在整个长江经济带中具有明显比较优势的。通过一段时间使这些产业得到了发展后，这些产业将会给重庆的制造行业带来更多的比较优势。例如，重庆的化学纤维制造业，虽然在 2016 年的区位熵值只有 0. 07，但是该产业在 2005 ~ 2016 年的集聚指数却是以 2. 69 的数值排在整个长江经济带的榜首，远超第二位的四川，有望在未来某个时间成为重庆的优势产业，助力重庆发展。并且从表 3 – 12 中我们也可以看出，类似的产业并不稀缺，可以预见的是，重庆制造行业的未来前景可期。

3.4 对外贸易的比较优势分析

3.4.1 长江经济带对外贸易发展总况

随着经济的发展，全球的各个国家和地区之间的经济往来愈加频繁，联系日益加强，长江经济带通过对外贸易越来越广泛地纳入国际经济发展的轨迹。图3－1是长江经济带2007～2016年对外贸易发展状况。到2016年长江经济带进出口总额达到156737589万美元，比2007年的89198860万美元增加了67538729万美元，增长率达到了75.72%，年均增长率为6.46%。其中出口增加了19198759万美元，进口增加了24231967万美元，2007～2016年出口增长率为36.64%，年均增长率为3.53%，进口增长率为65.85%，年均增长率为5.78%。

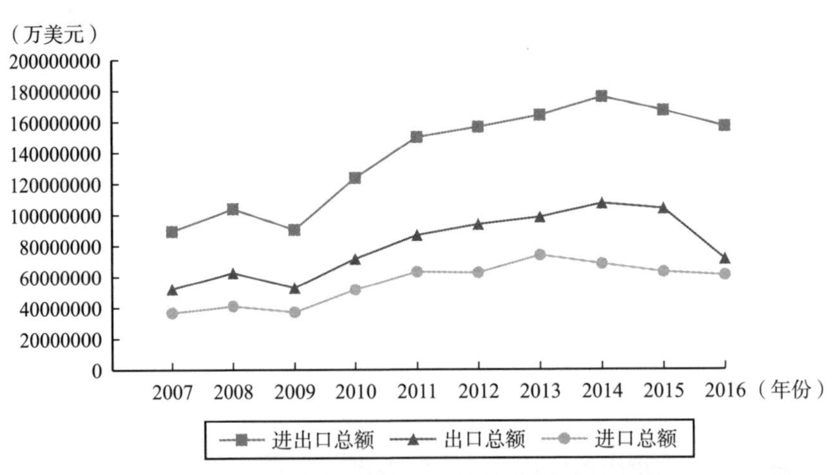

图3－1 2007～2016年长江经济带对外贸易发展状况

资料来源：2008～2017年《中国统计年鉴》。

图3－2为长江经济带进出口、出口、进口总额占全国的比重。图3－2表明长江经济带进出口总额占全国的比重较高，占了全国的进出口总额40%左右，且从2007年以来，这一比重都处于比较平稳的状态，波动较小。其中出口总额占全国的比重一直处于上升的趋势，进口总额占全国的比重处于下降的趋势，但2016年出口总额占全国的比重有所下降，进口总额占全国的比重有所上升。这也从一定程度上说明长江经济带外向型经济发达，对外贸易发展得较好。

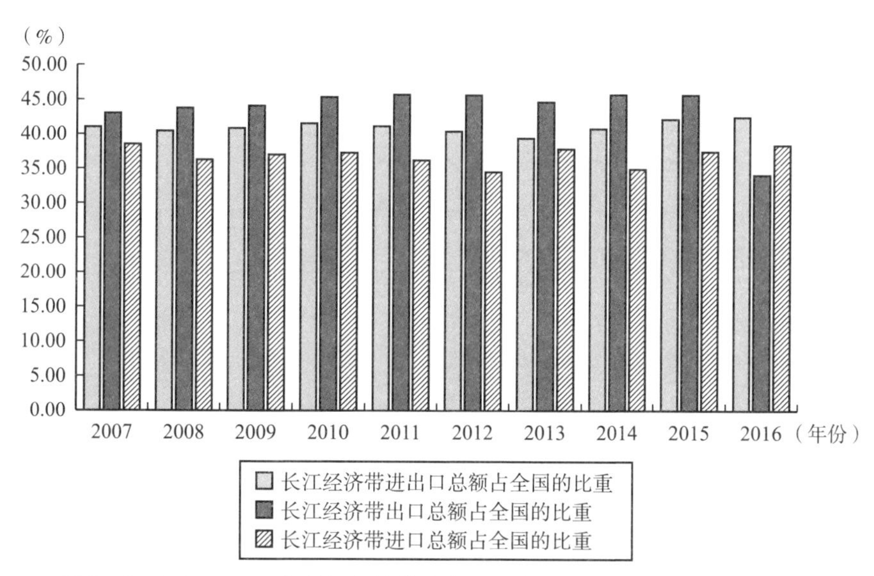

图3－2　2007～2016年长江经济带进出口、出口、进口总额占全国的比重

资料来源：2008～2017年《中国统计年鉴》。

3.4.2　长江经济带外贸依存度

长江经济带对外贸易的分析不能仅仅依靠对外贸易额单一的指标。下面引进外贸依存度这个概念，外贸依存度即进出口总额、出口额或进口额与国民生产总值之比，反映一个地区的对外贸易活动对该地区经济发展的影响和依赖程度的经济分析指标。从最终需求拉动经济增长的角度看，该指标还可以反映一个地区的外向程度。进口依存度反映该地区市场对外的开放程度，出口依存度则反映一国或地区经济对外贸的依赖程度。分别整理长江经济带进出口，进口和出口的依存度，并将与全国的贸易依存度进行比较，整理结果如图 3－3 和图 3－4 所示。

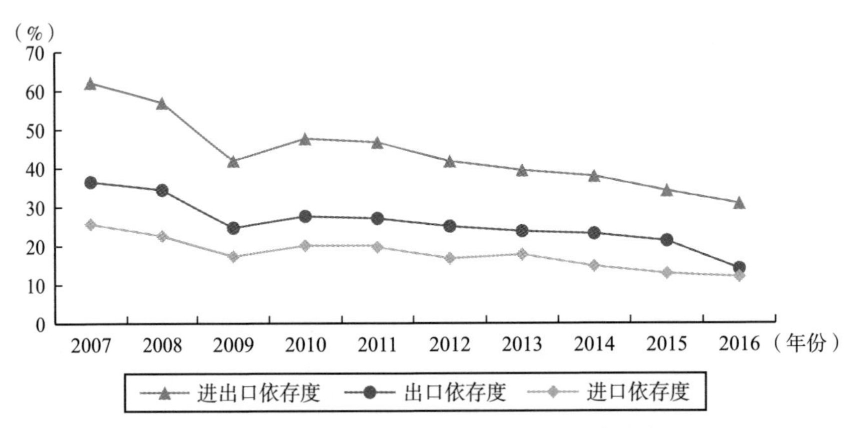

图 3－3　2007～2016 年长江经济带外贸依存度变化

资料来源：2008～2017 年《中国统计年鉴》。

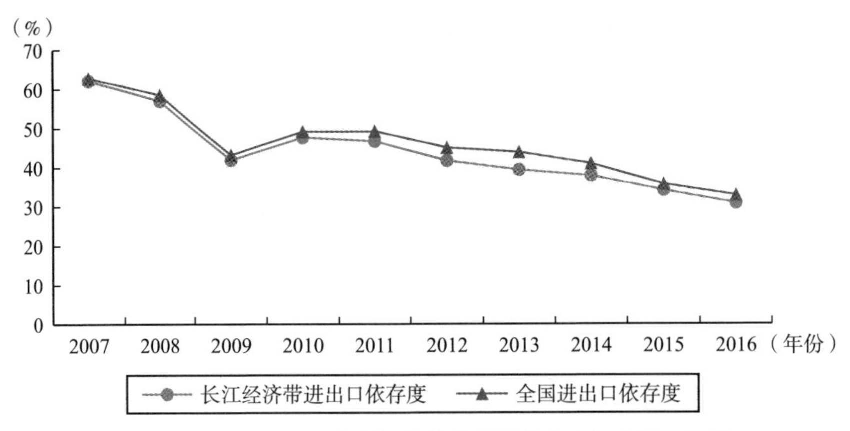

图 3－4　2007～2016 年长江经济带外贸依存度与全国的比较

资料来源：2008～2017 年《中国统计年鉴》。

观察图 3－3 可以发现整个长江经济带的外贸依存度在减小，不管是进出口依存度、出口依存度还是进口依存度都在下降，进出口依存度从 2007 年的

62.13%下降到2016年的30.88%，出口依存度从2007年的36.50%下降到2016年的14.10%，进口依存度从2007年的25.63%下降到2016年的12.02%，且2007~2009年下降趋势比较明显，2009年之后下降趋势比较平缓，这说明长江经济带对外贸的依赖程度在降低，同时内需在不断扩大。观察图3-4可以发现长江经济带的外贸依存度是比较高的，和全国的外贸依存度基本一致；且由图3-3知，长江经济带出口依存度大于进口依存度，这也说明长江经济带经济对外贸的依赖程度比较大，对外贸易在长江经济带中的经济地位也比较重要，短时间内外贸对长江经济带经济的作用还不能完全被内需所替代。

3.4.3 长江经济带各省份对外贸易总额、外贸依存度

为了明确长江经济带各省份的对外贸易发展情况，从而确定重庆的对外贸易在长江经济带中是否具有比较优势，现搜集长江经济带各省份近几年的对外贸易额，并通过比较2016年的对外贸易进出口总额，得到图3-5。

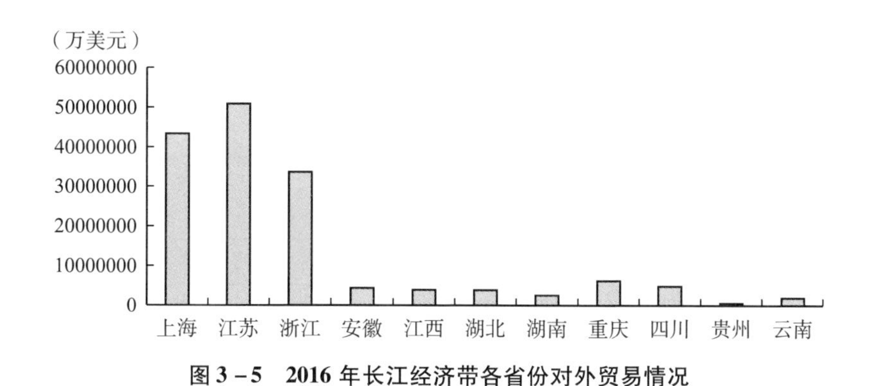

图3-5 2016年长江经济带各省份对外贸易情况

资料来源：2017年《中国统计年鉴》。

由图3-5可以看出：重庆的对外贸易总额在2015年处于长江经济带的第四位，同时处于长江经济带上游地区的第一位。但是，从图3-5中我们也

可以看到，在整个长江经济带中，重庆的对外贸易总额与处于长江经济带前三位的江苏、上海和浙江有着明显的差距，但在长江经济带上游地区省份中，重庆的对外贸易总额排在第一位，相对于处于第二位的四川来说，也有着较为明显的优势。

为了更进一步研究长江经济带中各省份对外贸易的发展情况，本书收集了2016年长江经济带中各省份及全国的对外贸易进出口总额、出口额、进口额数据，并计算其各自的外贸依存度，见表3－13。

表3－13　　2016年长江经济带各省份贸易依存度　　单位：%

地区	进出口/GDP	出口/GDP	进口/GDP
全国	32.90	18.72	14.17
上海	102.25	43.22	59.03
江苏	43.71	27.38	16.33
浙江	14.43	3.77	9.66
安徽	12.09	7.74	4.35
江西	14.37	10.70	3.67
湖北	8.01	5.29	2.71
湖南	5.52	3.72	1.80
重庆	23.50	15.22	8.27
四川	9.94	5.64	4.31
贵州	3.21	2.68	0.54
云南	8.94	5.16	3.78

资料来源：根据2017年《中国统计年鉴》计算所得。

从表3－13中可以看出，除了上海、江苏的外贸依存度是高于全国外贸依存度平均值，长江经济带中其他省份的外贸依存度都是低于全国的平均值；在整个长江经济带中重庆的外贸依存度仅低于上海、江苏两个省份，在整个长江经济带中排名第三位，在长江经济带中上游地区排名第一，由重庆与长江经济带其他省份比较可知重庆外贸依存度较高，说明重庆地区市场开放程度较高，同时经济发展对外贸依赖程度较大。

3.4.4 长江经济带各省份对外贸易显性比较优势指数（RCA）

为了考察产品出口绩效显示的比较优势状况，美国经济学家巴拉萨（Balassa，1965）设计了一个显性比较优势指数（revealed comparative advantage index，RCA），并用于世界各国产品出口竞争力的比较研究，其计算公式为：

$$RCA_{ij} = \frac{X_{ij}/X_{tj}}{X_{iw}/X_{tw}} \tag{3-7}$$

其中，X_{ij}为j国i种商品出口值；X_{tj}为j国全部出口值；X_{iw}为i种商品的全球出口值；X_{tw}为全球出口总值。根据公式（3－7），本书构造了对外贸易显性比较优势指数来分析长江经济带各省份对外贸易的优势和竞争力，如下：

$$RCA_i = \frac{X_i/GDP_i}{X/GDP} \tag{3-8}$$

式中，RCA_i 为i地区显性比较优势指数；X_i 为i地区的出口值；GDP_i 为i地区的地区生产总值；X为长江经济带出口值；GDP为长江经济带生产总值。通过计算可得长江经济带各省份的对外贸易显性比较优势指数，见表 3－14。

表 3－14　　2016 年长江经济带各省份对外贸易显性优势指数

地区	出口贸易额（万美元）	GDP（万美元）	RCA 指数
上海	18335213	42423031.18	3.06
江苏	31905309	116508257.7	1.94
浙江	2678375	71137045.9	0.27
安徽	2844668	36745735.66	0.55
江西	2979840	27850292.82	0.76
湖北	2603934	49177814.91	0.38

续表

地区	出口贸易额（万美元）	GDP（万美元）	RCA 指数
湖南	1769254	47500669.95	0.26
重庆	4065438	26708504.58	1.08
四川	2794762	49583036	0.40
贵州	474279	17729897.78	0.19
云南	1149031	22264004.94	0.37

资料来源：根据2017年《中国统计年鉴》计算所得。

由表3-14可知，上海、江苏和重庆地区RCA指数分别为3.06、1.94和1.08，在整个长江经济带中排在前三，重庆仅次于上海，江苏两个省份，在长江经济带上游地区排在首位，说明重庆市场对外开放程度在长江经济带中占据比较优势，在长江经济带上游地区占有明显比较优势。与长江经济带下游地区相比较可知，上游地区由于相对不利的区位条件，其对外开放程度受到明显的区位因素的限制。在此背景下，重庆调整经济发展战略、加大对外开放力度、加速外贸经济发展，因此重庆的对外贸易显性优势指数（RCA）在长江经济带占据比较优势。重庆具有交通便捷和相关产业规模化两大优势，使得其对外贸易有着良好的发展前景。一方面，重庆应该大力加快物流能力建设，开拓物流新渠道。另一方面，重庆按市场需求为导向，推动产业结构升级，全面优化外贸结构，提高重庆经济发展和对外服务功能。重庆市企业在保持产业发展优势的同时，应努力提高产品档次，通过技术革新实现市场多元化经营。外贸专业人才和技术性人才的培养也应得到高校和企业的重视。

综上可知，重庆的对外贸易在整个长江经济带中具有比较优势，且对于长江经济带内陆省份来说，重庆的对外贸易进出口总额排在首位，是一枝独秀。而且，重庆的RCA指数仅次于上海和江苏，在长江经济带中具有明显的比较优势，说明重庆的产品出口竞争力具有显著优势。此外，重庆交通便捷和相关产业规模化，使得其对外贸易有着较大的发展空间；同时，重庆在对外贸易的相关政策和贸易环境（如保税港、国家级口岸等）中也存在着较为明显的比较优势。因此，将重庆战略定位为互联互通、功能齐备、发展环境优良、开放型经济体系完善的内陆开放高地。

3.5 科技创新的比较优势分析

科技创新是推动科技进步最强有力的动力，是城市发展全局的核心，社会生产力和城市实力的提升都与之息息相关。农业社会是以小农经济为主的自然经济，而21世纪是工业和信息化社会，最活跃的生产力因素不再是资源、能源和劳动力等，而是发展迅速的科学技术。邓小平强调“科学技术是第一生产力”，今天，科技创新更加成为决定世界政治经济力量对比和国家前途命运的关键因素，成为推动社会变革的革命性力量。科技创新可以被分成三种类型：知识创新、技术创新和现代科技引领的管理创新，但在本书阐述中不加以区别，都以科技创新来阐述。因此，有必要对长江经济带11个省份的科技创新水平做出定量的比较，从而科学地给出重庆在长江经济带科技创新方面的战略定位。

3.5.1 指标体系的构建

衡量一个区域的创新水平，一般主要从创新环境、创新活动人力与资金的投入、创新成果等方面来考量，因此本书从创新活动、创新成果及其创新环境等方面来测度长江经济带11个省份科技创新水平。

创新活动中人力的投入主要考察了每万人R&D人员全时当量（X_1，人·年/万人），资金投入方面主要考察了R&D经费内部支出占GDP比重（X_2，%）；创新成果主要从专利成果、技术市场成果指数、产业化等方面选取指标，包括每万人专利申请数（X_3，件/万人）、每万人专利授权数（X_4，件/万人）、每万人技术市场成交额（X_5，万元/万人）、高技术产业新产品销售收入占主营产品销售收入的比重（X_6，%）；创新环境方面主要考察了人均

GDP（X_7，元）和居民消费水平（X_8，元）这两个指标。

3.5.2 长江经济带 11 个省份科技创新水平评价实施与分析

若只考虑长江经济带某一个年份 11 个省份的科技创新水平，显然缺乏说服力，因此本书考察长江经济带 2012 ~ 2016 年的 11 个省份的科技创新水平，再对每年各省份的科技创新水平综合得分取平均值作为最后各省份的综合得分。这也将涉及对动态数据无量纲化处理问题，一般的静态数据无量纲化处理方法对此将不甚适用，因此本书对长江经济带各省份的科技创新能力进行优势比较，采用第 2.2 节的全序列功效系数法结合熵值法，在本节 m 为 11，n 为 8，T 为 5（m 为长江经济带 11 个省份的个数，n 为选取的评价科技创新指标的个数，T 为 2012 ~ 2016 年的年份数）。建立了一种简易可靠的综合评价模型，以避免已有评价方法的片面性、复杂性等不足。首先，采用改进的功效系数法即全序列功效系数法来评价对象；其次，用客观的熵值法来确定各个指标的功效权重；最后，用权重系数乘以其对应的指标值并求和，得到各省份在 2012 ~ 2016 年的科技创新水平的总得分，再对每年各省份的综合得分求平均值得到各省份最后的科技创新水平得分，从而得出评价结果。之所以用熵值法确定权数，在于熵值法给那些存在差异较大的变量的指标赋予较大的权重，而对那些差异较小的变量，则给它们的指标以较小的权重，从而使最后生成的结果更能体现差异性。该模型有以下优点：一是融合主观法与客观法的优点；二是简单适用、易于实现；三是评价结果可靠，特别是针对比较优势评价的课题。

本书查阅 2013 ~ 2017 年《中国科技统计年鉴》和科技部与国家统计局网站，收集长江经济带 11 个省份的 2012 ~ 2016 年的相关科技创新统计数据，并进一步整理计算得到相关数据。

3.5.2.1 建立动态评价矩阵并标准化

在运用熵值法计算的过程中，首先需要对原始数据矩阵 A 进行标准化处理，本书利用易平涛等（2009）全序列功效系数法对原始数据进行无量纲化处理，运用公式（2－6）对原始数据矩阵 A 计算得到功效系数矩阵 B；进一步利用公式（2－8）对功效系数矩阵 B 进行归一化处理，得到标准化矩阵 $P=\{p_{ij}\}_{mT\times n}$。

3.5.2.2 信息熵值、效用值及权重的计算

根据标准化过后的数据，采用信息熵值计算公式（2－9）、效用值的计算公式（2－10）和权重的计算公式（2－11）分别计算出每个指标的信息熵、效用价值和权重。具体结果见表 3－15。

表 3－15　　指标信息熵、效用值和权重

指标	信息熵	效用值	权重
每万人 R&D 人员全时当量（人·年/万人）	0.9964	0.0036	0.1786
R&D 经费内部支出占 GDP 比重（%）	0.9977	0.0023	0.1153
每万人专利申请数（件/万人）	0.9969	0.0031	0.1513
每万人专利授权数（件/万人）	0.9968	0.0032	0.1572
每万人技术市场成交额（万元/万人）	0.9979	0.0021	0.1053
高技术产业新产品销售收入占主营产品销售收入的比重（%）	0.9984	0.0016	0.077
人均 GDP（元）	0.9978	0.0022	0.1105
居民消费水平（元）	0.9979	0.0021	0.1047

资料来源：根据 Matlab 计算而得。

3.5.2.3 计算 11 个省份科技创新水平的综合得分

首先，利用综合评价公式（2－12）计算 2012～2016 年长江经济带 11 个省份的科技创新水平；其次，对各省份 2012～2016 年的科技创新水平综合得分取平均值作为最后各省份的综合得分；最后，各省份 2012～2016 年科技创新指数结果和排名见表 3－16。

表 3-16　2012~2016 年长江经济带各省份科技创新指数得分、平均得分及排序

地区	2012 年	2013 年	2014 年	2015 年	2016 年	平均	排序
上海	86.21	86.15	87.37	90.04	93.32	88.62	1
浙江	81.10	83.79	84.00	87.48	89.58	85.19	2
江苏	82.54	84.13	83.82	85.85	87.85	84.84	3
湖北	67.17	68.31	69.44	70.64	71.47	69.41	4
重庆	66.07	66.97	68.53	71.50	71.63	68.94	5
安徽	66.79	67.78	68.29	69.75	70.97	68.72	6
湖南	64.63	65.79	66.37	67.46	68.12	66.47	7
四川	64.66	65.39	66.27	67.27	68.01	66.32	8
江西	62.03	62.74	63.24	64.38	65.75	63.63	9
贵州	61.37	62.11	62.38	62.34	62.81	62.20	10
云南	61.25	61.77	61.87	62.59	62.93	62.08	11

资料来源：根据 Excel 计算而得。

3.5.2.4　结果分析

从表 3-16 中，可以看出上海、浙江和江苏的科技创新指数综合得分在整个长江经济带排名前三，重庆排名第五；在长江经济带中上游地区排名第二，仅次于中游地区的湖北；在长江经济带上游地区排名第一。因此，重庆的科技创新水平在整个长江经济带都是占据优势的，且在长江经济带上游地区占据绝对优势。科技能力中排在前三位的是上海、浙江和江苏三地，与其拥有众多的高等院校和科研机构密不可分，其高端产业、科技资源、人才要素均显著，对长江经济带的发展起着牵引作用。而在长江经济带中上游地区，重庆在科技创新这一方面非常具有竞争力，排在第二位，更是位于长江经济带上游地区的第一位，因此重庆肩负着带领长江经济带上游地区各省份走向科技创新之路的重担，应与龙头上海相互呼应共促发展。

3.6 区位比较优势分析

3.6.1 区位优势研究背景

区位，是生产和生活的载体，经济与社会存在和发展的空间定位。长江经济带各省份由于地理位置、资源禀赋、社会历史等各方面存在差异，造成各省份经济发展水平、经济发展投入和产出水平不同。宏观区位理论研究内容为在市场经济条件下，理性经济主体充分考虑各省份的地价、运费、市场、便捷性等影响因素，以收益最大化为原则选出适合生产和生活的省份。同时，宏观区位论通过分析长江经济带各省份宏观区位因素，构建区位模型，指导区位生产力布局。基于选取指标的代表性、全面性、可操作性原则，本书选取各省份人均 GDP、人均进出口额、交通便利指数、宏观级差地租四个主要的区位因子（孙威等，2015），以此作为评价长江经济带各省份区位优势的指标体系，其中人均 GDP 能够反映地区宏观经济的发展状况以及人民的生活水平和富裕程度；人均进出口额能够反映地区的对外贸易及开放程度；交通便利指数能够反映地区的通达程度及交通便利度；而宏观级差地租更能反映地区的地理位置、区位规模、经济发达程度、人民购买力等多方面信息。其中交通便利指数计算公式如下：交通便利指数 = 交通密度 ×（地区货运量/地区货物周转量），而交通密度 = 运输线路总长度/地区土地总面积；宏观级差地租用各地区的城市新房均价（元/平方米）来表示。

3.6.2 模型的建立与求解

本书对长江经济带各省份区位优势比较采用第 2.2 节的方法，即功效系数法结合熵值法，其方法中 m 为 11，n 为 4，T 为 1（m 为长江经济带 11 个省份的个数，n 为选取的评价区位优势指标的个数，由于本书只收集了2016年一个年份的数据，因此 T 为1），建立综合评价模型。第一步，根据选取的4个指标收集、整理了2016年的有关数据（见表3-17）；第二步，采用功效系数法来评价长江经济带各省份的相关指标；第三步，用客观的熵值法来确定各个指标的功效权重；第四步，用权重系数乘以其对应的指标值并求和，得到各省份区位优势的综合评分，并根据计算结果整理出长江经济带各省份区位优势指数得分及排序（见表3-18）。

表3-17　　2016年长江经济带各省份区位优势各指标统计

省份	人均GDP（元）	人均进出口额（美元/人）	交通便利指数	城市新房均价（元/平方米）
上海	116562	17548.05	11.56	52142.0
江苏	96887	7167.837	47.46	9083.0
浙江	84916	6436.75	28.37	11424.7
安徽	39561	693.0771	49.69	5503.3
江西	40400	806.2701	36.40	5627.8
湖北	55665	694.9471	40.24	5222.8
湖南	46382	356.5781	61.17	4400.3
重庆	58502	1782.974	66.02	6401.0
四川	40003	610.5941	45.34	5064.1
贵州	33246	153.3347	68.14	4850.0
云南	31093	383.4446	46.27	5223.9

资料来源：2017年《中国统计年鉴》计算。

表3-18　　长江经济带各省份区位优势指数得分及排序

省份	区位优势指数得分	排序
上海	92.73	1
江苏	78.92	2

续表

省份	区位优势指数得分	排序
浙江	74.89	3
重庆	72.16	4
湖南	68.57	5
贵州	67.66	6
湖北	67.52	7
安徽	66.62	8
四川	65.97	9
江西	65.12	10
云南	64.78	11

资料来源：根据表 3－17 数据整理计算。

3.6.3 结果分析

由表 3－18 可知，上海、江苏、浙江和重庆区位总得分在长江经济带中分别排名前四位，重庆在长江经济带中具有比较优势且在长江经济带上游地区位居第一位，比较优势显著。上海、江苏、浙江三个省份在长江经济带区位优势排名中位列前三，且相比较于其他省份，上海、江苏、浙江占据明显的区位优势，位置难以撼动。重庆在长江经济带区位优势排名靠前，但是其与湖南、四川、湖北、安徽等省份差距并不明显，甚至可以说是并驾齐驱的地位。在对长江经济带各省份宏观区位优势进行实际测度的条件下，我们发现区位优势与经济发展水平呈现正相关，并得到其与地区贸易量、地区交通条件及宏观级差地租有着重要的联系的基本结论。经济越是发达的区域，越具有宏观区位优势，且不断处于强化的状态；经济欠发达区域往往缺乏宏观区位优势，且会形成恶性循环的态势。

3.7 交通比较优势分析

长江经济带各省份作为单独的有机体，交通系统即为该省份循环系统。交通运输方式配备的完善程度与城市的规模、经济、政治地位有着密切的关系，因此交通的发展规模一定程度上体现着城市的发展水平，并与城市未来的发展密切相关。如何评价一个城市交通条件的优劣及其对经济社会发展的影响程度，一直是区域经济学和经济地理学研究的重要内容。目前，国内已有很多专家学者在交通系统分析评价方面研究出很多理论方法并建立相应分析模型。现利用加权 TOPSIS 法综合评价长江经济带 11 个省份的交通优势度，通过比较分析，确定各省份的交通系统在长江经济带中是否具有比较优势。

3.7.1 指标的选取

本书根据指标选取的科学性、简洁性、可操作性等原则，选取了反映地区交通优劣程度的 7 项相关的指标：铁路营业里程密度（公里/万平方公里）、内河航道里程密度（公里/万平方公里）、公路里程密度（公里/万平方公里）、人均客运量（人）、人均旅客周转量（人/公里）、人均货运量（吨/人）、人均货物周转量（吨公里/人）。其中，铁路营业里程密度、内河航道里程密度、公路里程密度分别为每个省份的铁路营业里程、内河航道里程以及公路里程除以相应的地区面积；而人均客运量 = 每个省份的客运量（万人）/每个省份的年末人口总数（万人），人均旅客周转量 = 每个省份旅客周转量（万人/公里）/每个省份的年末总人口数（万人），人均货运量 = 每个省份的货运量（万吨）/每个省份的年末人口总数（万人），人均货物周转量 = 每个省份的货物周转量（万吨/公里）/每个省份的年末人口总数（万人）。这 7 个指标构成评价交通优势的指标体系，收集有关原始数据经计算整理得到，具体数据见表 3 – 19。

表 3－19　　　　长江经济带 11 个省份交通优势原始指标及数据

省份	铁路营业里程密度（公里/万平方公里）	内河航道里程密度（公里/万平方公里）	公路里程密度（公里/万平方公里）	人均客运量（人）	人均旅客周转量（人/公里）	人均货运量（吨/人）	人均货物周转量（吨公里/人）
上海	738. 25	3453. 97	21098. 41	5. 96	886. 03	36. 50	79825. 45
江苏	269. 73	2376. 51	15331. 77	16. 70	1835. 83	25. 26	9568. 42
浙江	252. 64	957. 35	11671. 86	18. 79	1923. 06	38. 56	17512. 22
安徽	303. 69	403. 79	14143. 74	13. 09	1916. 33	58. 84	17586. 14
江西	240. 15	337. 60	9695. 15	13. 69	2113. 83	30. 08	8488. 13
湖北	222. 60	453. 63	13995. 64	17. 51	2095. 07	27. 62	10069. 48
湖南	222. 84	542. 78	11249. 91	17. 85	2200. 01	30. 27	5946. 73
重庆	255. 42	528. 80	17365. 86	20. 10	1661. 06	35. 42	9738. 48
四川	96. 03	224. 72	6733. 24	14. 98	1139. 68	19. 48	3030. 88
贵州	185. 77	208. 18	10887. 84	25. 17	1898. 34	25. 18	4169. 56
云南	95. 26	103. 81	6210. 59	9. 75	934. 94	24. 21	3353. 74

资料来源：2017 年《中国统计年鉴》。

3. 7. 2　基于加权 TOPSIS 法长江经济带 11 个省份交通优势评价

本书讨论的是长江经济带 11 个省份交通优势问题，而每个省份的交通系统都涉及多个方面，包括铁路、公路、水路等，因此本书需要讨论的正是一个多评价对象、多指标的综合评价问题，选用第 2. 3 节加权 TOPSIS 法对长江经济带 11 个省份的交通优势进行综合评价，过程如下：

（1）根据收集的原始数据建立决策矩阵 $X = \{x_{ij}\}_{11\times9}$，其中 x_{ij} 表示第 i 个省份第 j 个指标的原始数据。

（2）利用公式（2－14）对决策矩阵进行无量纲化处理，得到标准化矩阵 $Y = (y_{ij})_{11\times9}$，再利用公式（2－15）对标准化矩阵 $Y = (y_{ij})_{11\times9}$ 进行归一化处理，得到归一化后的数据矩阵 $Z = \{z_{ij}\}_{11\times9}$。

（3）利用公式（2－16）计算得最优解与最劣解分别为：$Z^+=(0.83, 0.79, 0.59, 0.53, 0.43, 0.74, 0.95)$，$Z^-=(0, 0, 0, 0, 0, 0, 0)$。

（4）根据公式（2－17）、公式（2－18）和公式（2－19）分别计算11个省份与最优解、最劣解之间的加权欧式距离及与最优解的接近度，计算结果见表3－20。

表3－20　长江经济带11个省份交通优势评价结果及排序

省份	与最优解距离	与最劣解距离	各省份与最优解的接近度	排序
上海	0.12	0.21	0.65	1
安徽	0.16	0.13	0.45	2
江苏	0.17	0.12	0.42	3
浙江	0.17	0.11	0.39	4
重庆	0.18	0.11	0.37	5
湖北	0.19	0.10	0.34	6
湖南	0.19	0.10	0.34	7
贵州	0.21	0.10	0.32	8
江西	0.20	0.09	0.30	9
四川	0.24	0.04	0.13	10
云南	0.24	0.02	0.07	11

资料来源：根据Excel计算而得。

从表3－20可以看出，上海、安徽和江苏的交通优势度在整个长江经济带中排名前三，重庆在整个长江经济带中排名第五，在长江经济带上游地区排名第一，重庆的交通系统在整个长江经济带中具有比较优势，且在长江经济带上游地区中具有显著的比较优势。这也正说明重庆是长江经济带上游地区的交通枢纽城市。

第4章 长江经济带生态足迹、生态承载力及生态盈余

4.1 数据及缺失值处理

生态足迹及生态承载力的计算主要涉及不同生产性土地的面积及产品产量，所有数据均来自各年度《中国统计年鉴》《环境统计年鉴》，以及长江经济带各个地方省级统计年鉴。本书计算的生态足迹所涉产品范围见表4-1。

表4-1 生态足迹计算指标清单

账户类型	土地类型	产品清单
生物资源消费账户	耕地	粮食、豆类、薯类、油料、棉花、麻类、糖料、烟叶、蔬菜、猪肉禽蛋、蜂蜜
	林地	茶叶、园林水果、板栗、木材、竹笋、油茶籽
	牧草地	牛肉、羊肉、羊毛类
	水域	淡水产品、海水产品
化石能源消费账户	化石能源	煤炭、焦炭、原油、汽油、煤油、柴油、燃烧油、天然气、电力
建设用地消费账户	建设用地	城市建设面积

土地类型指标选取中考虑到当前耕地闲置和非法土地流转等问题，为了提高耕地足迹数据的精度，耕地面积指标选用农作物播种面积进行计算，农作物播种面积能更精确地反映出生产生活的耕作用地情况，林地面积不包括人造林面积，计算所涉及生产性土地类型指标见表4－2。

表4－2　　　　生产性土地类型指标清单

类型	耕地	林地	牧草地	水域	建设用地	化石能源
指标	农作物播种面积	林业用地面积	牧草地面积	水域面积	农作物播种面积	林业用地面积

本书将计算2008年、2011年、2014年及2017年的生态足迹及生态承载力状况，由于数据的滞后性，在公开的统计资料中2017年的数据少部分未能获取，为了实现生态足迹的计算，使用协整模型对2017年的部分缺失数据进行估计。缺失数据情况见表4－3。

表4－3　　　　2017年缺失数据清单

地区	上海	江苏	浙江	安徽	江西	湖北	湖南	重庆	四川	贵州	云南
缺失指标	糖料、麻类、蔬菜、竹笋	糖料、烟叶、蔬菜、板栗、竹笋	糖料、麻类、蔬菜、板栗、竹笋	糖料、蔬菜、板栗、竹笋	糖料、蔬菜、竹笋	糖料、蔬菜、板栗、竹笋	糖料、蔬菜、板栗、竹笋	糖料、蔬菜、竹笋	糖料、蔬菜、板栗、竹笋	糖料、蔬菜、板栗、竹笋	棉花、糖料、麻类、蔬菜、竹笋

收集1998～2016年的数据，对2017年的产量进行估计。上海2017年缺失数据包括糖料、麻类、蔬菜、竹笋等，本书以上海糖料产量为例，认为糖料产量与其他农作物产量应该存在着相互影响的长期趋势，所以通过协整检验考察变量之间的协整关系。协整关系的定义是，假定自变量序列和响应变量序列可以构成回归模型，其残差序列平稳时，我们称响应变量序列和自变量序列之间存在协整关系。协整检验就是在两个或者几个变量之间寻找均衡的长期趋势，以便建立模型进行估计。

本书分别建立糖料与谷物、糖料与豆类、糖料与棉花以及糖料和油料的回归模型，根据 F 检验及可决系数选择出拟合效果较好的模型，上述检验结果见表 4 -4。

表 4 -4　　检验结果比较

项目	回归系数	系数 p 值	F 值	F 检验 p 值	R^2	AIC 值
糖料与谷物	0. 040237	0. 000227	21. 06	0. 0002275	0. 0002275	117. 9013
糖料与豆类	2. 9269	2. 49e -07	63. 87	2. 487e -07	0. 7801	103. 8424
糖料与棉花	14. 529	0. 0141	7. 385	0. 01411	0. 2909	126. 0904
糖料与油料	0. 8349	3. 6e -06	43. 14	3. 595e -06	0. 7056	109. 3887

资料来源：根据 Eviews 计算所得。

由表 4 -4 可知，四个回归模型中回归系数均通过了置信度为 90% 的 T 检验，但糖料与豆类所构造的回归模型的 F 值最大，AIC 值最小，同时可决系数最大达到 78. 01%，所以选取豆类产量与糖料构建的回归模型较为合适，在选取了模型后对两个序列进行协整检验，对模型残差进行单位根检验，检验的计算结果显示 p 为 0. 08893，通过置信度为 90% 的检验，综上所述认为两个序列之间具有协整关系，所以可建立如下回归模型拟合它们之间的长期均衡关系：

$$y_{tl} = 2.9269 x_{dl} \tag{4-1}$$

其中，y_{tl}表示响应变量序列糖料产量，x_{dl}表示自变量序列豆类产量。根据以上选定的模型进行估计，得到 2017 年糖料产量的估计值为 0. 87 万吨。

运用以上方法对 2017 年其他缺失数据进行处理，得到 2017 年完整的产量数据，以便进行下一步生态足迹及生态承载力的计算。

4. 2　长江经济带生态足迹

4. 2. 1　以长江经济带为范围的均衡因子计算

在生态足迹的计算中，均衡因子和产量因子是两个极为重要的系数。目前生态足迹较多地使用“全球公顷”作为计量单位进行计算，其目的是便于世界范围内不同国家、地区之间的比较，但是在更精确的地域比较中，在同一国家范围内不同省份之间的比较下“全球公顷”并不能精确地反映省份之间生态占用情况。为了解决这个问题，使用“国家公顷”和“省公顷”修正生态足迹的计算结果。本书以“国家公顷”的计算模型为基础，首次计算长江经济带的均衡因子和产量因子。

均衡因子是为了平衡不同类型生产性土地之间的生产力差异，使得不同类型生产性土地之间的生产力可以互相加总、比较。“国家公顷”是指国家土地平均生产力的标准面积，它还代表着1个单位国家公顷土地的平均生物生产力，是耕地、林地、草地、水域、建设用地及化石能源用地的生产力的平均值。长江经济带的均衡因子代表着长江经济带某类生物生产性土地的平均生产力与长江经济带所有生物生产性土地的平均生产力的比值。

在均衡因子的计算中，化石能源用地和林地的均衡因子相同，建设用地和耕地的均衡因子相同。以2007年长江经济带11个省份的生产数据作为基础计算均衡因子。其中木材产量均以立方米为单位，由于不同木材种类的密度也有所差异，大部分木材的密度在0.44～0.57克/立方米，平均密度为0.54克/立方米，所以木材的产量换算以平均密度为计算标准。园林水果由于种植形式属于林地产物，猪肉、蜂蜜和禽蛋类由于饲养方式归属于耕地产物，得到长江经济带生物量状况见表4－5。

表4－5　　2007年长江经济带各类土地生产生物量

种类		产量（吨）	单位热量值（千焦/千克）	总热量（千焦）	土地类型
粮食	稻谷	125091500	15934.16	2.92406E+15	耕地
	小麦	31283400	16138.96	1.99323E+15	耕地
	玉米	24802400	16444.12	5.04882E+14	耕地
	其他	2156500	15800.40	4.07854E+14	耕地
豆类		5975300	21025.40	1.25633E+14	耕地
薯类		13812600	5709.88	7.88683E+13	耕地

续表

种类		产量（吨）	单位热量值（千焦/千克）	总热量（千焦）	土地类型
油料	花生	2679100	25857. 48	6. 92748E + 13	耕地
	油菜籽	8516300	26334. 00	2. 24268E + 14	耕地
	芝麻	268100	31273. 14	8. 38433E + 12	耕地
	其他	26200	27821. 54	7. 28924E + 11	耕地
棉花		1696829	14462. 80	2. 45409E + 13	耕地
麻类		368800	14462. 80	5. 33388E + 12	耕地
糖料		18935600	2792. 24	5. 28727E + 13	耕地
烟叶		1657200	15925. 80	2. 63922E + 13	耕地
蔬菜		194313600	1463. 00	2. 84281E + 14	耕地
茶叶		806700	16774. 34	1. 35319E + 13	林地
园林水果	香蕉	25857400	2912. 83	7. 53182E + 13	林地
	苹果	573900	6456. 37	3. 70531E + 12	林地
	柑橘	1582300	2383. 70	3. 77173E + 12	林地
	梨	12986200	2541. 44	3. 30036E + 13	林地
	葡萄	4079500	2060. 74	8. 40679E + 12	林地
	柿子	524500	2700. 28	1. 4163E + 12	林地
	其他	125200	2202. 86	2. 75798E + 11	林地
板栗		429110	9701. 78	4. 16313E + 12	林地
木材		14380200	12310. 10	1. 77022E + 14	林地
油茶籽		688448	27997. 64	1. 92749E + 13	林地
竹笋		287273	15301. 50	4. 39571E + 12	林地
橡胶		282233	15603. 05	4. 4037E + 12	林地
松脂		279404	13262. 59	3. 70562E + 12	林地
生漆		9943	9232. 58	91799542940	林地
油桐籽		207033	12482. 44	2. 58428E + 12	林地
核桃		257307	31253. 86	8. 04184E + 12	林地
肉类	猪肉	21537500	25038. 20	5. 3926E + 14	耕地
	牛肉	1256200	13731. 30	1. 72493E + 13	牧草地
	羊肉	784800	13731. 3	1. 07763E + 13	牧草地

续表

种类		产量（吨）	单位热量值（千焦/千克）	总热量（千焦）	土地类型
奶类		2785800	2842.40	7.91836E+12	牧草地
禽蛋		7562300	8790.54	6.64767E+13	耕地
蜂蜜		199100	20958.52	4.17284E+12	耕地
羊毛类		19932.93	5016.00	99983576880	牧草地
淡水产品	鱼类	11282400	6270.00	7.07406E+13	水域
	虾蟹类	1487000	4389.00	6.52644E+12	水域
	贝类	357100	4280.00	1.52839E+12	水域
海水产品	鱼类	2133400	6270.00	1.33764E+13	水域
	虾蟹类	881000	4389.00	3.86671E+12	水域
	贝类	1258900	4280.00	5.38809E+12	水域
	其他	71200	4368.00	3.11002E+11	水域

资料来源：2008 年《中国统计年鉴》《环境统计年鉴》。

进一步按照土地类型汇总产品总热量，综合长江经济带各类型土地的总面积，得到长江经济带各类型生物生产性土地的生物量及均衡因子，见表4－6。

表4－6　　2007 年长江经济带各类土地的均衡因子

土地类型	总热量（千焦）	总面积（公顷）	单位生产力（千焦/公顷）	均衡因子（国家公顷/公顷）
耕地	4.43057E+15	61460250	72413058.53	2.00
林地	2.90236E+14	68829600	4216737.601	0.12
牧草地	3.60439E+13	1651400	21826283.64	0.60
水域	1.01738E+14	2858200	35595024.7	0.98
长江经济带	4.85859E+15	107542809.2	45178182	1

资料来源：通过 Excel 计算所得。

根据计算公式（2－22）得到2007年长江经济带的各类生产性土地的均衡因子，其中建设用地与耕地的均衡因子相同，化石能源用地与林地的均衡因子相同，最终我们得到2007年长江经济带6种生产性土地的均衡因子，见表4－7。

表4－7　　2007年长江经济带的全部均衡因子

土地类型	耕地	林地	牧草地	水域	建设用地	化石能源用地
均衡因子	2.00	0.12	0.60	0.98	2.00	0.12

资料来源：通过Excel计算所得。

由表4－7可知，2007年长江经济带地区耕地与建设用地的均衡因子最大，其他依次为水域、牧草地、林地。

将长江经济带均衡因子同“全球公顷”和“国家公顷”进行对比可以清晰地看到不同地域维度下均衡因子的差异，见表4－8。

表4－8　　均衡因子对比

土地类型	2007年长江经济带	2007年全国	2008年WWF全球	1996年Wackernagel全球
耕地	2.00	4.93	2.39	2.80
林地	0.12	0.31	1.25	1.10
牧草地	0.60	0.05	1.25	1.10
水域	0.98	0.45	0.41	0.20

资料来源：通过计算所得。

表4－8中呈现了本书计算的2007年长江经济带的各类型土地的均衡因子、高中良等学者计算的2007年“全国公顷”、2008年度由全球生态足迹网络（WWF）提供的“全球公顷”以及现阶段生态足迹计算中经常引用的瓦克纳格尔（Wackernagel）计算的“全球公顷”，在四组均衡因子之间进行比较能够发现，长江经济带耕地及林地的均衡因子远低于全国水平，其中耕地

的均衡因子与“全球公顷”较为接近，而林地的均衡因子同“全球公顷”之间存在较大差距，牧草地的均衡因子虽然低于“全球公顷”但是远高于“全国公顷”，最为显著的不同在于水域的均衡因子远高于“全球公顷”及“全国公顷”。

上述差异主要由于不同计算范围内生产性土地面积及生物量的不同而造成的。水域均衡因子较高的主要原因是长江经济带大部分隶属长江流域，11个省份地区水系发达。重庆建有三峡水库，水资源较为丰富；湖北历来有“千湖之省”的称号，湖泊众多；江沪浙地区地处临海，淡水资源和海水资源均较为丰富，从地理水文特点解释了水域的均衡因子高于全国的原因。林地的均衡因子显著偏低，在计算中发现长江经济带中林地面积较大的省份有云南、四川及江西，但与之较为广阔的林地面积所不同的是，上述省份的林产品产量却并不突出，并且所采集的11种林产品中，浙江不生产其中的5种林产品，而上海仅生产2种林产品，仅云南生产橡胶产品，由此导致的林地均衡因子较低，也反映了长江经济带本身的土地性质。

由此可知，以不同的均衡因子为基准计算出的生态足迹数据也会有着较大的差距，本书长江经济带均衡因子反映了长江经济带不同性质生产性土地之间的生产力差异，更具代表性。

4.2.2 生物资源消费生态足迹账户的计算

生态足迹概念是指维持一个地区、国家人口的生存所需资源和吸纳人类排放废弃物所需的具有生物生产性的土地面积。生产性土地被分为六类，主要包括耕地、牧草地、林地、水域、建设用地和化石能源用地。根据公式（2-21）和上文得到的长江经济带均衡因子进一步计算人均生态足迹。计算得到长江经济带各省份2008年、2011年、2014年及2017年的生物资源消费生态足迹账户，见表4-9。

表 4-9　2008 年、2011 年、2014 年、2017 年长江经济带生物资源消费生态足迹账户

单位：公顷/人

省份	2008 年				2011 年				2014 年				2017 年			
	耕地	林地	牧草地	水域	耕地	林地	牧草地	水域	耕地	林地	牧草地	水域	耕地	林地	牧草地	水域
上海	0.2759	0.0139	0.0154	0.5239	0.2823	0.0007	0.0175	0.4251	0.2725	0.0028	0.0176	0.4044	0.2527	0.0007	0.0060	0.4133
江苏	1.1268	0.2786	0.0336	1.7896	1.2434	0.5218	0.0341	1.9773	1.3231	0.4934	0.0345	2.1683	1.2714	0.5305	0.0350	2.1998
浙江	0.8422	1.0031	0.0195	2.8442	0.8958	0.9893	0.0176	2.9652	0.9190	0.7633	0.0164	3.3855	0.6701	0.5275	0.0168	3.6550
安徽	1.4250	1.8155	0.0938	0.9194	1.6669	2.0880	0.1037	1.0966	1.7469	2.1529	0.1053	1.2077	1.6933	1.9596	0.1059	1.2861
江西	1.5785	3.0585	0.0377	1.3977	1.7733	2.0763	0.0530	1.6309	1.9319	1.6061	0.0588	1.8130	1.9021	1.3509	0.0655	1.9987
湖北	1.6240	0.9308	0.0729	1.7673	1.9082	1.0501	0.0848	2.0831	2.1391	1.1834	0.0922	2.3916	2.0927	0.8944	0.1026	2.7034
湖南	1.8096	2.6495	0.0679	0.8446	2.0197	2.1385	0.0702	0.9438	2.2361	1.9297	0.0801	1.1823	2.2310	1.0937	0.0880	1.3355
重庆	1.6026	0.1657	0.0410	0.2224	1.7745	0.2471	0.0583	0.2627	1.8146	0.2775	0.0677	0.4381	1.7667	0.4938	0.0814	0.5632
四川	1.7862	0.3361	0.1325	0.3786	2.1175	0.5526	0.1391	0.4413	2.1879	0.7967	0.1410	0.5256	2.1107	0.6674	0.1555	0.5947
贵州	1.2060	0.9570	0.0636	0.0715	1.4511	1.4127	0.0831	0.0854	1.5595	1.4039	0.0945	0.1611	1.5115	1.2616	0.1179	0.2757
云南	1.5587	2.3345	0.1534	0.1771	1.7882	3.1400	0.1836	0.2187	2.0237	2.4945	0.1935	0.3504	2.0478	2.2356	0.2073	0.5270

资料来源：各年份《中国统计年鉴》《环境统计年鉴》，以及地方统计年鉴并计算所得。

4.2.3 化石能源账户生态足迹的计算

根据《全球生态足迹报告》得到世界平均能源足迹及能源消费品折算系数，见表4－10。

表4－10　　世界平均能源足迹及折算系数

项目	煤炭	焦炭	原油	汽油	煤油	柴油	燃料油	天然气	电力
折算系数（吉焦/吨）	55	55	93	93	93	93	71	93	1000
世界平均能源足迹（吉焦/公顷）	20.934	28.47	41.868	43.124	43.124	42.705	50.2	49.607	3.36

资料来源：《全球生态足迹报告》。

根据公式（2－23）计算得到长江经济带各省份2008年、2011年、2014年及2017年的化石能源消费生态足迹账户，见表4－11。

表4－11　　长江经济带能源资源消费生态足迹账户　　单位：公顷/人

省份	2008年	2011年	2014年	2017年
上海	2.2377	2.2570	2.2245	2.0771
江苏	1.4768	1.7442	2.0866	2.1960
浙江	1.4919	1.6126	1.6695	1.6462
安徽	0.7840	1.0759	1.2855	1.2964
江西	0.6446	0.7825	0.9175	0.9766
湖北	1.0225	1.2639	1.2238	1.2070
湖南	0.7850	0.8416	0.9398	0.9467
重庆	0.7438	1.0759	1.0112	1.0412
四川	0.6449	0.8223	0.8938	0.8030
贵州	1.2891	1.3904	1.7360	1.7347
云南	0.9173	1.0713	1.5237	0.8968

资料来源：各年份《中国统计年鉴》《环境统计年鉴》，以及地方统计年鉴并计算所得。

4.2.4 建设用地账户生态足迹的计算

建设用地账户统计长江经济带 11 个省份的人类生产生活所需的非农业占地面积。本书使用城市建设用地面积作为主要的统计指标，城市建设用地指城市用地面积中的各项建设用地面积，包括居住用地、公共设施用地、工业用地、仓储用地、对外交通用地、道路广场用地、市政公用设施用地、绿地和特殊用地。城市建设用地指标涵盖了非农业以外的各类城市用地情况，充分地反映了建设用地的总面积，根据公式（2－24）计算得到长江经济带地区各省份 2008 年、2011 年、2014 年及 2017 年的建设用地消费生态足迹账户，见表 4－12。

表 4－12　　长江经济带建设用地消费生态足迹账户　　单位：公顷/人

省份	2008 年	2011 年	2014 年	2017 年
上海	0.0118	—	0.0121	0.0079
江苏	0.0035	0.0044	0.0049	0.0055
浙江	0.0037	0.0041	0.0044	0.0046
安徽	0.0020	0.0026	0.0029	0.0032
江西	0.0019	0.0022	0.0024	0.0028
湖北	0.0024	0.0034	0.0036	0.0036
湖南	0.0018	0.0021	0.0022	0.0022
重庆	0.0023	0.0030	0.0031	0.0039
四川	0.0016	0.0020	0.0025	0.0030
贵州	0.0026	0.0029	0.0033	0.0039
云南	0.0015	0.0018	0.0017	0.0022

注：上海 2011 年数据缺失。
资料来源：各年份《中国统计年鉴》《环境统计年鉴》，以及地方统计年鉴并计算所得。

4.2.5 长江经济带生态足迹结果汇总

根据上文计算出的各部分生态足迹汇总得到长江经济带各年度各类生产性土地的人均生态足迹结果，见表 4－13。

表 4-13　　2008 年、2011 年、2014 年、2017 年长江经济带人均生态足迹　　单位：公顷/人

省份	2008 年						2011 年						2014 年						2017 年					
	耕地	林地	牧草地	水域	化石能源	建设用地	耕地	林地	牧草地	水域	化石能源	建设用地	耕地	林地	牧草地	水域	化石能源	建设用地	耕地	林地	牧草地	水域	化石能源	建设用地
上海	0.2759	0.0139	0.0154	0.5239	0.2238	0.0292	0.2823	0.0007	0.0175	0.4251	0.2257	—	0.2725	0.0028	0.0176	0.4044	0.2225	0.0299	0.2527	0.0007	0.0060	0.4133	0.1827	0.0196
江苏	1.1268	0.2786	0.0336	1.7896	0.1477	0.0087	1.2434	0.5218	0.0341	1.9773	0.1744	0.0108	1.3231	0.4934	0.0345	2.1683	0.2087	0.0121	1.2714	0.5305	0.0350	2.1998	0.2196	0.0135
浙江	0.8422	1.0031	0.0195	2.8442	0.1492	0.0091	0.8958	0.9893	0.0176	2.9652	0.1613	0.0102	0.9190	0.7633	0.0164	3.3855	0.1669	0.0109	0.6701	0.5275	0.0168	3.6550	0.1646	0.0114
安徽	1.4250	1.8155	0.0938	0.9194	0.0784	0.0050	1.6669	2.0880	0.1037	1.0966	0.1076	0.0064	1.7469	2.1529	0.1053	1.2077	0.1285	0.0073	1.6933	1.9596	0.1059	1.2861	0.1296	0.0078
江西	1.5785	3.0585	0.0377	1.3977	0.0645	0.0047	1.7733	2.0763	0.0530	1.6309	0.0782	0.0054	1.9319	1.6061	0.0588	1.8130	0.0917	0.0060	1.9021	1.3509	0.0655	1.9987	0.0977	0.0069
湖北	1.6240	0.9308	0.0729	1.7673	0.1023	0.0060	1.9082	1.0501	0.0848	2.0831	0.1264	0.0085	2.1391	1.1834	0.0922	2.3916	0.1224	0.0088	2.0927	0.8944	0.1026	2.7034	0.1207	0.0089
湖南	1.8096	2.6495	0.0679	0.8446	0.0785	0.0044	2.0197	2.1385	0.0702	0.9438	0.0842	0.0051	2.2361	1.9297	0.0801	1.1823	0.0940	0.0054	2.2310	1.0937	0.0880	1.3355	0.0947	0.0055
重庆	1.6026	0.1657	0.0410	0.2224	0.0744	0.0058	1.7745	0.2471	0.0583	0.2627	0.1076	0.0074	1.8146	0.2775	0.0677	0.4381	0.1011	0.0077	1.7667	0.4938	0.0814	0.5632	0.1041	0.0096
四川	1.7862	0.3361	0.1325	0.3786	0.0645	0.0039	2.1175	0.5526	0.1391	0.4413	0.0822	0.0050	2.1879	0.7967	0.1410	0.5256	0.0894	0.0061	2.1107	0.6674	0.1555	0.5947	0.0803	0.0074
贵州	1.2060	0.9570	0.0636	0.0715	0.1289	0.0064	1.4511	1.4127	0.0831	0.0854	0.1390	0.0071	1.5595	1.4039	0.0945	0.1611	0.1736	0.0081	1.5115	1.2616	0.1179	0.2757	0.1735	0.0097
云南	1.5587	2.3345	0.1534	0.1771	0.0917	0.0038	1.7882	3.1400	0.1836	0.2187	0.1071	0.0045	2.0237	2.4945	0.1935	0.3504	0.1524	0.0042	2.0478	2.2356	0.2073	0.5270	0.0897	0.0053

注：上海 2011 年数据缺失。

资料来源：各年份《中国统计年鉴》《环境统计年鉴》，以及地方统计年鉴并计算所得。

4.2.6 长江经济带生态足迹的动态分析

4.2.6.1 生物资源人均足迹

如图 4－1、表 4－13 所示，2008 年长江经济带 11 个省份中耕地人均足迹前三位的地区依次为：湖南、四川、湖北，后三位的地区依次为：上海、浙江、江苏。耕地资源占用较大地区属于长江流域传统农业大省，主要位于长江经济带中、上游的内陆地区；而耕地足迹较小的地区为沿海较发达的地区，其中上海的耕地足迹仅为 0.2759，说明沿海地区并不依靠农耕作为主要产业，这也展现了长江经济带下游地区基础农业发展现状。

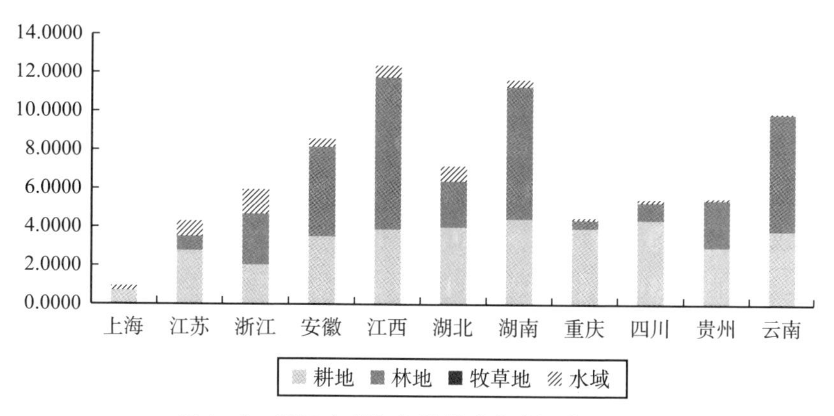

图 4－1 2008 年长江经济带生物资源人均足迹

2008 年长江经济带 11 个省份中林地人均足迹前三位的地区依次为：江西、湖南、云南，后三位的地区依次为：上海、重庆、江苏。湖南在耕地和林地的生态占用上均居高位，说明湖南在长江经济带地区内较为倚重种植业，前三位的省份主要分布在长江经济带中、下游地区；重庆由于山地、丘陵的地形原因，林地面积虽广但林作物产量并不突出，沿海省份的林地占用也较小。

2008 年长江经济带 11 个省份中人均牧草地生态足迹前三位的地区依次

为：云南、四川、安徽，后三位的地区依次为：上海、浙江、江苏。云贵高原是长江经济带地区主要的畜牧业地段；而沿海地区“江浙沪”在传统农林牧行业所占生产份额不大。

2008 年长江经济带 11 个省份中人均水域足迹前三位的地区依次为：浙江、江苏、湖北，后三位的地区依次为：贵州、云南、重庆。浙江和江苏两省地处长江下游，河道众多，同时分别临近东海海域和黄海海域，水域资源丰富，是长江经济带同时产出淡水产品和海水产品的地区，所以水域占用较大；水域占用较小的地区均属于高原、丘陵的内陆地区，处于长江经济带上游，地形地质导致了渔业产业规模较小。

综合四类生产性土地的人均生态足迹来看，上海在农林牧渔方面的生态占用均不突出，符合实际情况，沿海地区整体对农林牧渔的依赖较小；生物资源的生态足迹较大的地区更多集中在长江中、上游地区，在整个长江经济带中较为突出的省份有江西、湖南以及云南。

如图 4 -2、表 4 -13 所示，2011 年与 2008 年相比长江经济带各省份生态足迹的变化情况不大，各生产性土地的人均生态足迹后三位的地区没有发生变化，耕地、牧草地以及水域的人均生态足迹前三位的地区仅排名略有变动。林地人均生态足迹前三位的地区变化为：云南、湖南、安徽。安徽替换江西进入林地占用前列，但长江上、中、下游的整体布局没有发生变化。

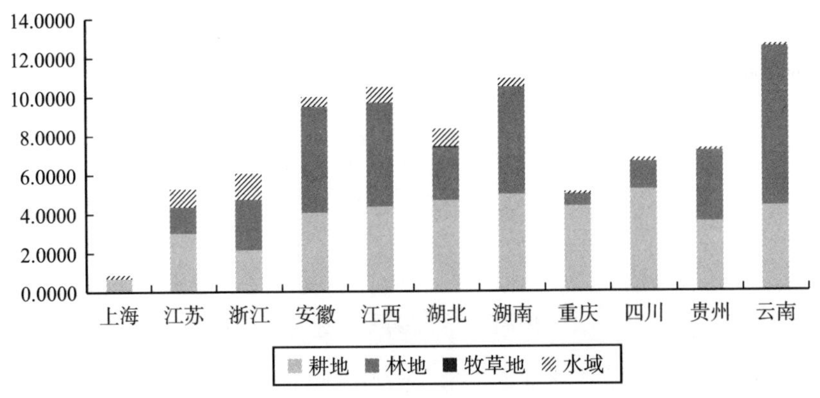

图 4 -2　2011 年长江经济带生物资源人均足迹

在耕地、牧草地和水域这三类生产性土地的人均生态足迹上 11 个省份全部有所增加，林地的生态足迹情况中除上海、浙江、江西、湖南和四川共 5 个省份外均有所增加。由此可见，在 2008～2011 年长江经济带地区对于生物资源的消费呈现扩张姿态，生态足迹的上升意味着占用更多的生态资源进行生产生活活动。

如图 4－3、表 4－13 所示，2014 年长江经济带各省份在各类型土地的生态足迹的分布情况与 2011 年相比基本没有变化，前三位的地区均未发生变化，水域人均生态足迹的后三位的地区依次变化为：贵州、云南、上海。上海在四种土地类型的生态足迹情况中全部位列倒数，生态足迹占用较小。同时，生态足迹的变化趋势发生了变化，上海、重庆两地的耕地人均生态足迹较 2011 年有所减少，其他地区反之增加；浙江、江西、湖南、贵州和云南 5 个省份的林地人均生态足迹较 2011 年有所减少，其他地区反之增加；浙江、江西 2 个省份牧草地人均生态足迹较 2011 年有所减少，其他地区反之增加；水域方面，除上海的生态足迹减少以外其他地区持续增加。综上所述，与 2011 年相比各类型土地生态足迹减少的省份数量增加，但整体上整个长江经济带的生态足迹状况依然保持增加趋势。

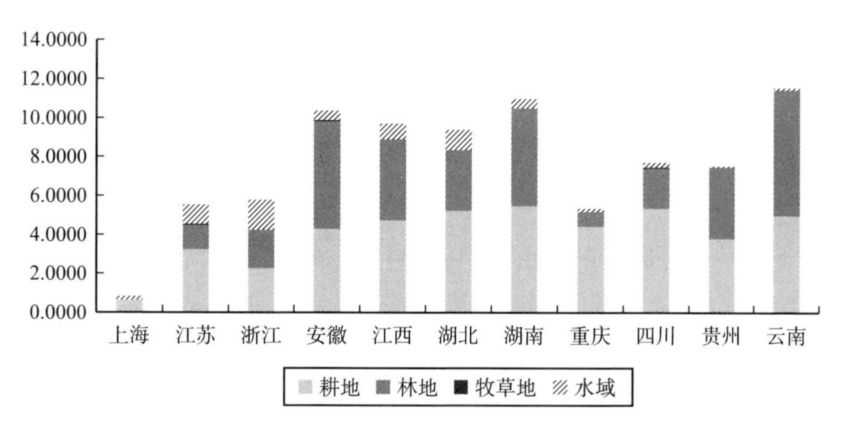

图 4－3　2014 年长江经济带生物资源人均足迹

如图 4－4、表 4－13 所示，2017 年长江经济带中各土地类型中前三位和后三位的地区均没有明显的变化，但生态足迹的变化趋势发生了改变，耕地、林地人均生态足迹在长江经济带地区大范围减少，耕地的人均生态足迹更是变化显著，2017 年整个长江经济带 11 个省份的耕地人均生态足迹全部有所减少，耕地资源的占用呈现规模性释放；除重庆外其他地区的林地人均生态足迹也全部有所减少；牧草地和水域的人均生态足迹与前期相比全部有所增加。与 2014 年相比，长江经济带的生态占用情况有所减缓，部分生物资源得到缓解和释放。

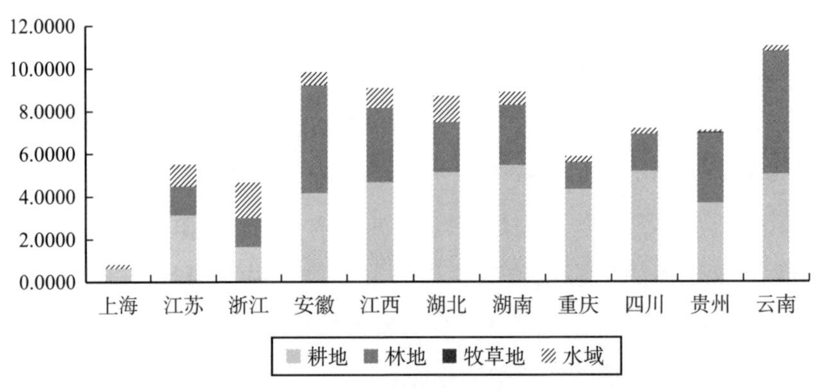

图 4－4　2017 年长江经济带生物资源人均足迹

4.2.6.2　化石能源人均足迹

根据表 4－14 中具体能源项目的消费量与人均化石能源生态足迹进行分析。

2008 年中，各地区除电力资源以外消费量最多的能源类别为煤炭，可见煤炭依然为现阶段主要能源使用类别，除江苏、重庆、贵州及云南地区外其余 7 个省份清洁能源天然气的消费量在各类能源消费品中占比最小；除上海地区以外其他省份煤炭的生态足迹均占全部能源生态足迹的 60% 以上，上海地区占 43%，总体而言煤炭的人均生态足迹占比最大。

表 4 – 14　　2008 年、2011 年、2014 年、2017 年长江经济带能源资源消费生态足迹账户　　单位：公顷/人

年份	省份	项目	煤炭	焦炭	原油	汽油	煤油	柴油	燃料油	天然气	电力	总计
2008	上海	消费量	5259. 53	729. 7	1719. 57	299. 66	295. 45	417. 17	848. 61	69. 45	1072. 38	—
		efE	0. 970	0. 183	0. 375	0. 067	0. 066	0. 093	0. 291	0. 018	0. 175	2. 238
	江苏	消费量	19951. 8	1884. 7	2454. 0	481. 56	20. 79	607. 99	236. 59	111. 45	2952. 02	—
		efE	0. 983	0. 126	0. 143	0. 029	0. 001	0. 036	0. 022	0. 008	0. 128	1. 477
	浙江	消费量	13024. 12	326. 4	2248. 73	447. 09	49. 48	874. 4	227. 29	45. 225	2189. 37	—
		efE	0. 962	0. 033	0. 196	0. 040	0. 004	0. 078	0. 031	0. 005	0. 143	1. 492
	安徽	消费量	9783. 74	809. 7	451. 08	114. 91	11. 34	259. 16	13. 24	10. 075	769. 1	—
		efE	0. 609	0. 069	0. 033	0. 009	0. 001	0. 019	0. 002	0. 001	0. 042	0. 784
	江西	消费量	5169. 99	597. 65	396. 47	70. 61	7. 8	295. 27	20. 95	2. 6	511. 09	—
		efE	0. 451	0. 071	0. 041	0. 007	0. 001	0. 031	0. 003	0. 000	0. 039	0. 645
	湖北	消费量	10534. 62	820. 0	910. 0	551. 91	35. 98	609. 42	123. 54	21. 575	989. 23	—
		efE	0. 704	0. 074	0. 072	0. 045	0. 003	0. 049	0. 015	0. 002	0. 058	1. 023
	湖南	消费量	10277. 39	915. 89	671. 67	271. 67	24. 5	395. 04	40. 2	14. 6	890. 58	—
		efE	0. 575	0. 070	0. 044	0. 019	0. 002	0. 027	0. 004	0. 001	0. 044	0. 785
	重庆	消费量	4078. 69	323. 38	0. 130	86. 46	27. 01	234. 11	7. 84	108. 825	449. 22	—
		efE	0. 551	0. 059	0. 000	0. 014	0. 004	0. 038	0. 002	0. 021	0. 054	0. 744
	四川	消费量	9450. 11	1144. 05	239. 95	330. 44	128. 62	394. 23	7. 170	280. 375	1177. 51	—
		efE	0. 443	0. 073	0. 013	0. 019	0. 007	0. 022	0. 001	0. 018	0. 049	0. 645

续表

年份	省份	项目	煤炭	焦炭	原油	汽油	煤油	柴油	燃料油	天然气	电力	总计
2008	贵州	消费量	10630.35	486.06	0.000	85.65	9.730	183.5	34.35	12.85	669.1	—
		efE	1.114	0.069	0.000	0.011	0.001	0.023	0.007	0.002	0.062	1.289
	云南	消费量	7620.45	1377.39	0.11	158.11	36.18	382.15	5.040	13.725	745.52	—
		efE	0.643	0.158	0.000	0.016	0.004	0.039	0.001	0.002	0.055	0.917
2011	上海	消费量	5875.52	717.08	2126.50	415.37	399.07	509.04	744.28	112.53	1295.87	—
		efE	0.971	0.161	0.416	0.084	0.080	0.101	0.229	0.026	0.189	2.257
	江苏	消费量	23100.48	2663.47	2998.55	749.84	35.69	727.96	157.71	178.93	3864.37	—
		efE	1.117	0.175	0.172	0.044	0.002	0.042	0.014	0.012	0.165	1.744
	浙江	消费量	13949.86	443.09	2835.41	586.70	70.42	958.33	330.48	79.53	2820.93	—
		efE	0.975	0.042	0.234	0.050	0.006	0.081	0.043	0.008	0.174	1.613
	安徽	消费量	13375.70	910.17	477.57	157.40	8.41	365.75	11.73	31.20	1077.91	—
		efE	0.855	0.079	0.036	0.012	0.001	0.028	0.001	0.003	0.061	1.076
	江西	消费量	6246.24	772.61	469.92	155.23	8.50	368.75	23.67	9.63	700.51	—
		efE	0.533	0.090	0.047	0.016	0.001	0.038	0.004	0.001	0.053	0.782
	湖北	消费量	13470.06	1120.83	1033.86	457.80	40.41	648.96	92.01	48.90	1330.44	—
		efE	0.895	0.101	0.081	0.037	0.003	0.052	0.011	0.005	0.078	1.264
	湖南	消费量	11323.33	1089.19	587.60	262.36	30.25	502.98	75.22	28.13	1171.91	—
		efE	0.608	0.080	0.037	0.017	0.002	0.033	0.008	0.002	0.056	0.842

续表

年份	省份	项目	煤炭	焦炭	原油	汽油	煤油	柴油	燃料油	天然气	电力	总计
2011	重庆	消费量	6396. 90	299. 47	0. 00	102. 63	41. 78	338. 51	8. 61	141. 05	626. 44	—
		efE	0. 844	0. 054	0. 000	0. 016	0. 007	0. 054	0. 002	0. 026	0. 073	1. 076
	四川	消费量	11520. 40	1353. 64	351. 76	541. 82	173. 31	525. 10	62. 82	438. 15	1549. 03	—
		efE	0. 545	0. 087	0. 020	0. 031	0. 010	0. 030	0. 006	0. 029	0. 065	0. 822
	贵州	消费量	10908. 10	380. 44	0. 00	143. 36	8. 94	264. 66	14. 43	10. 35	835. 38	—
		efE	1. 193	0. 057	0. 000	0. 019	0. 001	0. 035	0. 003	0. 002	0. 081	1. 390
	云南	消费量	9349. 40	1231. 21	0. 06	232. 49	47. 44	562. 04	5. 62	9. 10	1004. 07	—
		efE	0. 773	0. 138	0. 000	0. 023	0. 005	0. 056	0. 001	0. 001	0. 073	1. 071
2014	上海	消费量	5681. 19	640. 30	2611. 76	532. 55	437. 48	555. 84	603. 14	182. 23	1410. 60	—
		efE	0. 895	0. 137	0. 487	0. 102	0. 084	0. 106	0. 177	0. 040	0. 196	2. 225
	江苏	消费量	27946. 07	3190. 61	3394. 78	891. 46	63. 79	752. 28	182. 70	311. 18	4956. 60	—
		efE	1. 340	0. 208	0. 193	0. 052	0. 004	0. 044	0. 016	0. 021	0. 210	2. 087
	浙江	消费量	14161. 26	446. 18	2853. 65	706. 14	92. 15	946. 63	328. 49	141. 80	3453. 10	—
		efE	0. 980	0. 042	0. 234	0. 060	0. 008	0. 079	0. 042	0. 014	0. 211	1. 669
	安徽	消费量	15665. 08	1049. 41	551. 67	319. 33	9. 46	626. 32	9. 80	69. 53	1528. 10	—
		efE	0. 989	0. 090	0. 041	0. 025	0. 001	0. 048	0. 001	0. 006	0. 085	1. 285
	江西	消费量	7254. 69	854. 93	520. 28	236. 92	1. 70	526. 48	31. 47	33. 58	947. 10	—
		efE	0. 611	0. 098	0. 052	0. 024	0. 000	0. 053	0. 005	0. 004	0. 070	0. 917

续表

年份	省份	项目	煤炭	焦炭	原油	汽油	煤油	柴油	燃料油	天然气	电力	总计
2014	湖北	消费量	12166. 72	1114. 39	1176. 72	616. 05	63. 77	805. 41	118. 84	79. 93	1629. 80	—
		efE	0. 799	0. 099	0. 091	0. 049	0. 005	0. 064	0. 014	0. 007	0. 094	1. 224
	湖南	消费量	11223. 84	1075. 82	946. 54	434. 56	38. 84	566. 32	68. 31	51. 15	1423. 10	—
		efE	0. 638	0. 083	0. 064	0. 030	0. 003	0. 039	0. 007	0. 004	0. 071	0. 940
	重庆	消费量	5794. 47	208. 82	0. 00	161. 70	58. 99	455. 95	11. 98	180. 48	813. 30	—
		efE	0. 743	0. 036	0. 000	0. 025	0. 009	0. 070	0. 003	0. 032	0. 092	1. 011
	四川	消费量	11678. 55	1760. 13	306. 49	818. 47	239. 76	754. 04	87. 90	370. 75	1949. 00	—
		efE	0. 548	0. 112	0. 017	0. 047	0. 014	0. 043	0. 008	0. 024	0. 081	0. 894
	贵州	消费量	13650. 74	423. 46	0. 00	195. 40	21. 80	378. 70	0. 51	21. 05	1126. 30	—
		efE	1. 484	0. 063	0. 000	0. 026	0. 003	0. 050	0. 000	0. 003	0. 108	1. 736
	云南	消费量	9783. 09	1347. 57	0. 03	280. 01	63. 73	559. 81	3. 24	10. 68	1459. 80	—
		efE	1. 063	0. 199	0. 000	0. 037	0. 008	0. 073	0. 001	0. 002	0. 140	1. 524
2017	上海	消费量	4625. 62	596. 95	2474. 23	637. 85	585. 82	562. 20	581. 46	197. 60	1486. 02	—
		efE	0. 728	0. 128	0. 460	0. 122	0. 112	0. 107	0. 170	0. 000	0. 000	2. 077
	江苏	消费量	28048. 13	3840. 21	4092. 04	1012. 31	90. 58	821. 31	151. 60	431. 83	5458. 95	—
		efE	1. 335	0. 249	0. 230	0. 059	0. 005	0. 047	0. 013	0. 029	0. 229	2. 196
	浙江	消费量	13948. 49	329. 47	2667. 35	796. 92	127. 40	881. 91	381. 29	219. 45	3873. 19	—
		efE	0. 950	0. 031	0. 215	0. 066	0. 011	0. 072	0. 048	0. 021	0. 233	1. 646

续表

年份	省份	项目	煤炭	焦炭	原油	汽油	煤油	柴油	燃料油	天然气	电力	总计
2017	安徽	消费量	15728. 68	1164. 64	539. 21	509. 87	15. 98	622. 69	21. 21	97. 95	1794. 98	—
		efE	0. 966	0. 097	0. 039	0. 038	0. 001	0. 046	0. 002	0. 008	0. 097	1. 296
	江西	消费量	7617. 59	839. 82	725. 75	294. 63	2. 48	546. 71	15. 05	50. 10	1182. 50	—
		efE	0. 631	0. 095	0. 071	0. 030	0. 000	0. 055	0. 002	0. 006	0. 087	0. 977
	湖北	消费量	11685. 88	1095. 31	1239. 61	743. 19	94. 64	865. 85	136. 12	103. 75	1763. 11	—
		efE	0. 756	0. 096	0. 095	0. 059	0. 007	0. 068	0. 016	0. 009	0. 101	1. 207
	湖南	消费量	11443. 53	960. 50	841. 60	575. 76	55. 44	712. 97	94. 05	70. 80	1495. 65	—
		efE	0. 638	0. 073	0. 056	0. 039	0. 004	0. 048	0. 010	0. 006	0. 074	0. 947
	重庆	消费量	5674. 37	384. 31	0. 00	219. 05	80. 97	514. 22	13. 91	223. 30	924. 89	—
		efE	0. 709	0. 065	0. 000	0. 033	0. 012	0. 077	0. 003	0. 039	0. 102	1. 041
	四川	消费量	8869. 49	1636. 36	902. 77	940. 07	308. 81	800. 93	155. 44	453. 93	2101. 02	—
		efE	0. 409	0. 103	0. 049	0. 053	0. 017	0. 045	0. 013	0. 029	0. 085	0. 803
	贵州	消费量	13642. 75	253. 42	0. 02	343. 65	38. 64	490. 80	0. 52	42. 78	1241. 78	—
		efE	1. 461	0. 037	0. 000	0. 045	0. 005	0. 063	0. 000	0. 006	0. 117	1. 735
	云南	消费量	7461. 18	912. 09	0. 04	340. 03	102. 96	601. 52	1. 11	19. 28	1410. 52	—
		efE	0. 595	0. 099	0. 000	0. 033	0. 010	0. 058	0. 000	0. 002	0. 099	0. 897

注：消费量单位为吨；电力消费量单位为亿千瓦时。
资料来源：各年份《中国统计年鉴》《中国环境统计年鉴》，以及地方统计年鉴经计算所得。

化石能源生态足迹总计前五位的地区依次为：上海、浙江、江苏、贵州、湖北。对化石燃料占用较大的地区集中在较发达的沿海地区以及长江经济带中游地区。化石能源占用最少的地区为江西。

2011 年各地区消费量最少的资源有所变化，江苏、浙江、江西、安徽和湖北地区用量最少的能源类别为煤油，重庆、贵州、云南地区消费量最少的资源依旧为原油，四川消费最少的能源资源为燃烧油，上海、湖南地区用量最少的能源类别为天然气，在 2011 年天然气的使用明显增多，作为一种清洁能源，天然气消费量增多意味着各地区对环境问题的重视和改善有所成效。除上海以外其他省份煤炭的生态足迹均占全部能源生态足迹的 60% 以上，总体而言煤炭的人均生态足迹占比最大。能源生态足迹总计前五位的地区没有变化。各地人均能源生态足迹全部增加，但能源人均生态足迹总计突破 1 的地区从 5 个增加到 8 个，意味着长江经济带对化石能源的占用正在扩大。

2014 年各地区除电力资源以外消费最多的依然为煤炭，其中江苏、浙江、安徽、江西、湖北和湖南地区使用最少的资源类型为煤油，重庆、贵州、云南地区使用最少的能源类型为原油，四川消费最少的能源资源为燃烧油，上海消费最少的能源资源为天然气，但上海天然气的使用量逐年递增，说明当地在较为积极地使用清洁能源以替代其他类型的能源。除上海以外其他地区煤炭的生态足迹均占全部能源生态足迹的 60% 以上，能源生态足迹总计前五名的地区有所变化，依次为：上海、浙江、贵州、江苏、云南。化石能源占用最少的地区为四川。其中上海、湖北、重庆地区的人均能源生态足迹较 2011 年相比有所下降，其他各地人均能源生态足迹全部继续增加，并且能源人均生态足迹总计突破 1 的地区为 8 个，其中突破 2 的地区由 1 个增加到 2 个。

2017 年各地区除电力资源以外消费最多的依然为煤炭，但煤炭的使用情况略微发生变化，除上海地区以外，浙江、四川的煤炭生态足迹占比显著降低，均达到 60% 以下，其中上海地区占比最少为 40%，说明各地区在能源使用上做出了有效的调整，尽可能地降低污染性较大的能源使用。能源生态足迹总计前五名的地区有所变化，依次为：江苏、上海、贵州、浙江、安徽，上海地区在 4 个年度的能源人均生态足迹总计首次低于 2 并且退居第二位，说明上海能源用量和清洁能源使用上得到有效的改善。化石能源占用最少的地区为四川。其中上海、湖北、浙江、湖南和云南地区的人均能源生态足迹较 2014 年相比有所下降，其他各地人均能源生态足迹全部继续增加，并且能源人均生态足迹总计突破 1 的地区由 8 个减少为 7 个，其中突破 2 的地区由 2 个减少到 1 个。总体上长江经济带对化石燃料能源的占用正在缩小。环境保护、资源节约的意识正在增强。

4.2.6.3 建设用地人均生态足迹

将 2008 年、2011 年、2014 年、2017 年长江经济带年度建设用地用地人均生态足迹绘制如图 4 -5 所示。

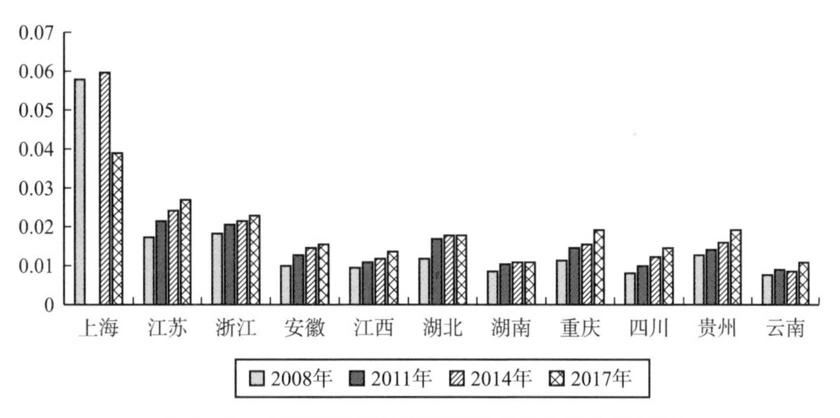

图 4 -5 长江经济带各年度建设用地人均生态足迹

资料来源：笔者整理计算所得。

由图 4 -5 可知，上海虽然缺少 2011 年的数据，但其余 3 个年度的建设用地人均足迹显著高于其他地区，上海建设用地占用在 2017 年度较之前年度明显减少，其他地区相反，随时间推移各年度建设用地占用逐渐增大，涨幅较为稳定，其中湖南涨幅显著较小。总体而言，长江经济带地区建设用地人均生态足迹属于扩大的趋势，但增长幅度有所控制。

4.2.6.4 人均生态足迹

人均生态足迹如表 4－15 和图 4－6 所示。

表 4－15　2008 年、2011 年、2014 年、2017 年长江经济带总人均生态足迹

单位：公顷/人

省份	2008 年	2011 年	2014 年	2017 年
上海	1.08210	0.95130	0.94970	0.87500
江苏	3.38500	3.96180	4.24010	4.26980
浙江	4.86730	5.03940	5.26200	5.04540
安徽	4.33710	5.06920	5.34860	5.18230
江西	6.14160	5.61710	5.50750	5.42180
湖北	4.50330	5.26110	5.93750	5.92270
湖南	5.45450	5.26150	5.52760	4.84840
重庆	2.11190	2.45760	2.70670	3.01880
四川	2.70180	3.33770	3.74670	3.61600
贵州	2.43340	3.17840	3.40070	3.34990
云南	4.31920	5.44210	5.21870	5.11270

资料来源：笔者整理计算所得。

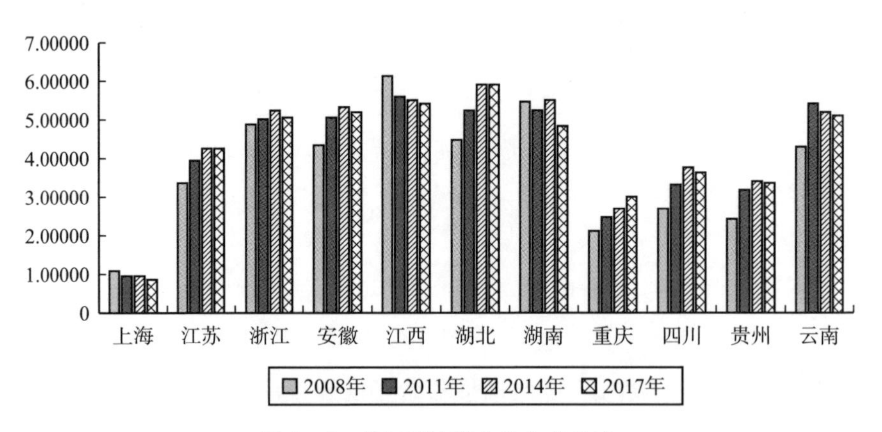

图 4－6　长江经济带人均生态足迹

资料来源：笔者整理计算所得。

由表 4－15 和图 4－6 我们可以看到，长江经济带各省份人均生态足迹逐年减少的地区仅有上海、江西两地，这表示这 2 个地区在逐渐减少对生态资源的占用，释放出更多的生态资源。江苏、浙江、安徽、湖北、四川、贵州及云南地区的人均生态足迹均呈现先增加后减少的趋势，表现了当地前期注重生产开发，但后期开始注重生态资源的可持续发展，放开部分对生态资源的占用，提高了对环境资源、生态环境的重视程度。湖南人均生态足迹在 2014 年度显著增加，随后 2017 年度又显著减少，整体上呈现一个减少生态占用的趋势。长江经济带中仅重庆的人均生态足迹是逐年增长趋势，说明重庆已然处在发展阶段，对生态资源使用的依赖性较大。

通过 QGIS 地理信息软件绘制长江经济带生态足迹的分位数地图，分位数地图就是将某一个指标数据按要求的几分位数进行等分，并且在地图上以由深到浅的形式表示数值的由大到小，在地图上标出对应区域。据此我们按照人均生态足迹为指标将 11 个省份分为五类，2008 年、2011 年、2014 年和 2017 年 4 个年度人均生态足迹的空间分布图可以绘制出来（此处略）。

在 2008 年、2011 年、2014 年和 2017 年 4 个年度人均生态足迹的空间分布图中，随着颜色的深浅变化，我们可以直观地发现长江经济带生态足迹的占用情况较为严重的地区明显集中在长江经济带中游地区，以湖北、湖南、江西为主，长江经济带上游地区云南的生态占用也较为显著。四川、重庆、贵州、上海、江苏 5 个省份的生态占用在长江经济带中一直相对较少。

4.3 长江经济带生态承载力

4.3.1 以长江经济带为范围的产量因子计算

生态承载力是特定区域和环境下所能承载的某种个体的极限。其中产量因子是计算生态承载力的一个重要系数。产量因子表示某一个国家或者地区中某一类生物生产性土地的平均生产力水平与世界该类生物生产性土地的平均生产力水平之比。产量因子能够反应研究领域内生产力水平与全球生产力水平的差异。产量因子由于因地区、年份的不同而有所差异，根据公式（2－27）计算长江经济带产量因子。D_j 为长江经济带整体地区，计算产量因子如表 4－16 所示。

4.3.2 生态承载力的计算

生态承载力代表了地球自然、生态环境所能提供给人类生产生活的生态资源总量。根据公式（2－26）和长江经济带均衡因子、产量因子进一步计算长江经济带的生态承载力。计算得到长江经济带地区各省份 2008 年、2011 年、2014 年及 2017 年的人均生态承载力，如表 4－17 所示。

4.3.3 长江经济带生态承载力的动态分析

对表 4－17 中人均生态承载力进行汇总得到长江经济带 4 个年度总人均生态承载力情况，如表 4－18 和图 4－7 所示。

如图 4－7 所示，从各省份的人均生态承载力数值来看，四川、云南、江西和湖北 4 个地区的生态人均承载力较大，土地资源、生态资源相对丰富。各省份的人均生态承载力 4 年来均有变化，其中人均生态承载力整体呈增加趋势的地区有：重庆、四川。人均生态承载力整体逐年减少的地区有：上海、浙江。其他地区包括江苏、安徽、江西、湖北、贵州、云南均呈现先增加后减少的趋势，仅有湖南呈现先减少后增加的趋势。通过 QGIS 地理信息软件绘制长江经济带生态承载力的分位数地图，将 11 个省份分为五类，各省份 2008 年、2011 年、2014 年及 2017 年 4 个年度的人均生态承载力的空间分布图可以绘制出来（此处略）。

表4－16　　2008年、2011年、2014年、2017年长江经济带产量因子

省份	2008年						2011年						2014年						2017年					
	耕地	林地	牧草地	水域	化石燃料	建筑用地	耕地	林地	牧草地	水域	化石燃料	建筑用地	耕地	林地	牧草地	水域	化石燃料	建筑用地	耕地	林地	牧草地	水域	化石燃料	建筑用地
上海	0.04	0.06	0.20	1.65	0.29	0.14	0.03	0.04	0.20	1.91	0.24	0.08	0.03	0.02	0.20	2.10	0.24	0.08	0.02	0.01	0.19	2.23	0.24	0.09
江苏	0.10	0.09	0.14	0.92	0.11	0.14	0.09	0.09	0.13	1.02	0.12	0.18	0.09	0.08	0.13	1.02	0.14	0.18	0.08	0.08	0.13	0.97	0.16	0.13
浙江	0.15	0.15	0.09	3.56	0.09	0.19	0.12	0.12	0.07	2.55	0.09	0.20	0.10	0.11	0.06	2.78	0.08	0.20	0.09	0.09	0.05	2.91	0.08	0.12
安徽	0.13	0.13	0.05	0.60	0.05	0.07	0.13	0.13	0.06	0.61	0.06	0.05	0.12	0.12	0.07	0.58	0.06	0.05	0.12	0.12	0.09	0.56	0.06	0.07
江西	0.10	0.10	0.05	0.77	0.06	0.09	0.10	0.10	0.05	0.84	0.08	0.07	0.11	0.11	0.05	0.86	0.07	0.07	0.10	0.10	0.05	0.87	0.07	0.08
湖北	0.12	0.12	0.05	0.85	0.08	0.07	0.13	0.13	0.04	0.90	0.09	0.08	0.13	0.13	0.05	0.92	0.09	0.08	0.12	0.12	0.05	0.94	0.09	0.09
湖南	0.10	0.10	0.02	0.76	0.04	0.06	0.10	0.10	0.02	0.84	0.04	0.06	0.10	0.10	0.02	0.80	0.05	0.06	0.11	0.11	0.03	0.79	0.05	0.07
重庆	0.07	0.07	0.06	0.78	0.03	0.09	0.08	0.08	0.05	0.49	0.04	0.10	0.08	0.09	0.04	0.67	0.03	0.10	0.09	0.10	0.03	0.71	0.03	0.13
四川	0.08	0.08	0.15	0.89	0.07	0.06	0.09	0.09	0.16	0.96	0.07	0.07	0.08	0.08	0.15	0.98	0.07	0.07	0.09	0.09	0.14	0.95	0.09	0.07
贵州	0.04	0.04	0.02	1.41	0.08	0.03	0.04	0.04	0.02	0.49	0.06	0.04	0.04	0.04	0.03	0.45	0.07	0.04	0.05	0.05	0.03	0.67	0.06	0.06
云南	0.07	0.07	0.17	1.02	0.09	0.05	0.09	0.09	0.20	0.46	0.11	0.07	0.12	0.12	0.20	0.55	0.10	0.07	0.12	0.13	0.21	0.70	0.07	0.08

注：上海市2011年建筑用地数据缺失。
资料来源：各年份《中国统计年鉴》《环境统计年鉴》，以及地方统计年鉴并计算得。

表 4－17　　2008 年、2011 年、2014 年、2017 年长江经济带人均生态承载力　　单位：公顷/人

省份	2008 年						2011 年						2014 年						2017 年					
	耕地	林地	牧草地	水域	化石能源	建设用地	耕地	林地	牧草地	水域	化石能源	建设用地	耕地	林地	牧草地	水域	化石能源	建设用地	耕地	林地	牧草地	水域	化石能源	建设用地
上海	0. 0094	0. 0130	0. 0000	0. 2372	1. 1080	0. 0204	0. 1168	0. 0016	0. 0000	0. 2056	0. 1638	—	0. 0797	0. 0009	0. 0000	0. 1792	0. 1539	0. 0113	0. 0446	0. 0006	0. 0000	0. 1678	0. 1564	0. 0086
江苏	0. 2465	0. 1010	0. 0000	0. 8101	2. 1515	0. 0058	1. 8071	0. 0235	0. 0000	0. 9562	0. 5282	0. 0094	1. 7180	0. 0215	0. 0000	0. 9606	0. 6344	0. 0105	1. 5891	0. 0210	0. 0000	0. 8932	0. 7204	0. 0085
浙江	3. 8331	0. 0858	0. 0000	1. 2875	0. 8777	0. 0083	1. 1231	0. 1792	0. 0000	1. 4340	2. 3000	0. 0100	0. 8725	0. 1514	0. 0000	1. 4998	1. 9403	0. 0107	0. 7636	0. 1343	0. 0000	1. 4841	1. 9093	0. 0065
安徽	1. 7741	0. 2268	0. 0001	0. 4162	1. 5241	0. 0016	3. 8126	0. 1120	0. 0002	0. 5303	0. 8907	0. 0016	3. 4555	0. 1040	0. 0000	0. 5350	0. 8200	0. 0018	3. 3996	0. 1026	0. 0000	0. 5222	0. 9208	0. 0027
江西	4. 5899	0. 1372	0. 0000	0. 6327	1. 4938	0. 0021	2. 4132	0. 2838	0. 0000	0. 7887	3. 6334	0. 0019	2. 7172	0. 3179	0. 0000	0. 8032	3. 4654	0. 0021	2. 3407	0. 2727	0. 0000	0. 8116	3. 4882	0. 0028
湖北	3. 3473	0. 1829	0. 0002	0. 8000	1. 9649	0. 0020	3. 5799	0. 2283	0. 0002	1. 0074	2. 7017	0. 0032	3. 5014	0. 2230	0. 0000	1. 0595	2. 4982	0. 0033	3. 2907	0. 2159	0. 0001	1. 0978	2. 5224	0. 0038
湖南	3. 4875	0. 1310	0. 0002	0. 3823	0. 9683	0. 0013	2. 4279	0. 2222	0. 0002	0. 4564	1. 4306	0. 0014	2. 6733	0. 2352	0. 0000	0. 5238	1. 9514	0. 0016	2. 8241	0. 2436	0. 0003	0. 5423	1. 8412	0. 0019
重庆	1. 7705	0. 0901	0. 0029	0. 1007	0. 7753	0. 0026	1. 8064	0. 1311	0. 0025	0. 1271	1. 0700	0. 0035	2. 0004	0. 1404	0. 0004	0. 1941	0. 8694	0. 0036	2. 2343	0. 1527	0. 0028	0. 2287	0. 7214	0. 0059
四川	4. 4588	0. 1087	0. 1512	0. 1714	1. 5438	0. 0012	2. 0138	0. 2969	0. 1626	0. 2134	4. 1843	0. 0016	1. 9640	0. 2868	0. 1250	0. 2329	4. 1543	0. 0019	2. 0156	0. 2921	1. 0802	0. 2415	4. 9009	0. 0026
贵州	1. 5290	0. 0533	0. 0055	0. 0323	1. 8450	0. 0009	1. 0154	0. 1073	0. 0067	0. 0413	3. 0678	0. 0015	1. 2550	0. 1218	0. 0003	0. 0714	3. 3433	0. 0018	1. 6498	0. 1537	0. 0039	0. 1119	2. 7286	0. 0028
云南	7. 8459	0. 1118	0. 0180	0. 0802	2. 2292	0. 0010	2. 6263	0. 6123	0. 0202	0. 1058	11. 4706	0. 0015	3. 6228	0. 7699	0. 0038	0. 1552	10. 6153	0. 0014	3. 7373	0. 7900	0. 0388	0. 2140	6. 9307	0. 0022

注：上海市 2011 年建筑用地数据缺失。
资料来源：各年份《中国统计年鉴》《环境统计年鉴》，以及地方统计年鉴经计算所得。

表4-18　　2008年、2011年、2014年、2017年长江经济带总人均生态承载力　　单位：公顷/人

省份	2008年	2011年	2014年	2017年
上海	1.3880	0.4878	0.4250	0.3781
江苏	3.3150	3.3244	3.3450	3.2322
浙江	6.0925	5.0463	4.4747	4.2980
安徽	3.9429	5.3474	4.9163	4.9479
江西	6.8557	7.1211	7.3058	6.9160
湖北	6.2974	7.5206	7.2854	7.1307
湖南	4.9706	4.5387	5.3852	5.4535
重庆	2.7420	3.1405	3.2083	3.3459
四川	6.4352	6.8726	6.7650	8.5328
贵州	3.4662	4.2400	4.7936	4.6508
云南	10.2861	14.8367	15.1684	11.7130

资料来源：笔者整理计算所得。

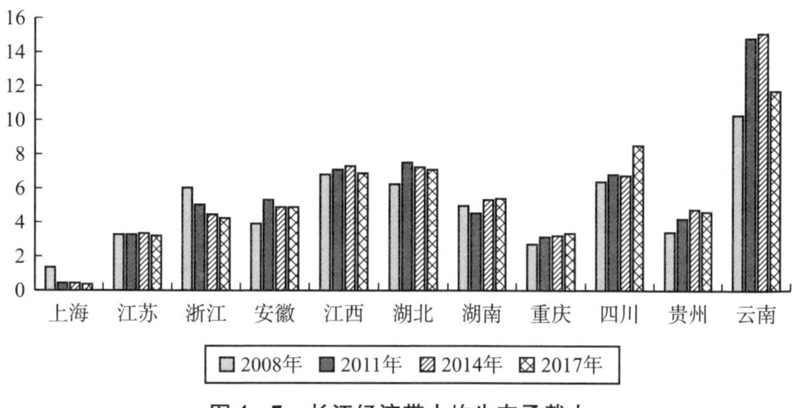

图4-7　长江经济带人均生态承载力

资料来源：笔者整理计算所得。

我们可以看到，在 2008 ~2011 年，长江经济带中生态承载力的空间分布发生了一定变化，2008 年生态承载力相对充足的地区为云南、四川、湖北、江西，长江经济带上游地区重庆相对生态承载力较小，最小的地区集中在长江经济带下游地区上海和江苏，整体上看生态承载力较好的地区为长江经济带中游地区及上游地区。2010 年云南、四川、湖北、江西地区的生态承载力依然较为充足，其中云南地区最高，整体分布也发生了一定的变化，湖北、安徽生态承载力增加，而江西、湖南生态承载力减少。2013 年各地区的生态承载力的数值发生了变化但生态承载力的分布同 2007 年的分布相同，整体上看生态承载力较好的地区为长江经济带中游地区及上游地区，生态承载力较小的为长江下游地区。2017 年长江经济带生态承载力的分布又发生了变化，生态承载力最好的地区集中在长江经济带上游地区四川和云南，长江经济带中游地区各省份之间的生态承载力差距不大，江西生态承载力降级，整体上生态承载力在长江经济带地区属于阶梯形分布，上游充足，下游紧缺。

总体而言，长江经济带生态承载力的分布在 4 个年度中变化不大，分布基本保持着上游地区生态承载力较好、中游地区中等、下游地区较差的情况。

4.4 长江经济带生态盈余

当某地区的生态承载力大于生态足迹时说明该地区存在生态盈余，表明当地生产生活活动对自然环境的影响没有突破本身的环境容量，这样的社会、经济活动是可持续的；反之，当生态足迹大于生态承载力时表明该地区已经存在生态赤字，人类活动已经突破了环境本身的界限，处在对生态环境过度开采和破坏的状态，给当地生态环境恢复带来不利的影响。

本书通过上述计算得到长江经济带各年度各地区的人均生态足迹和人均生态承载力，进一步获得生态盈余或者生态赤字的情况，如表 4 - 19 所示。

表 4 – 19　　长江经济带人均生态盈余或生态赤字　　单位：公顷/人

省份	2008 年	2011 年	2014 年	2017 年
上海	0. 3059	–0. 4635	–0. 5247	–0. 4969
江苏	–0. 07	–0. 6374	–0. 8951	–1. 0376
浙江	1. 2252	0. 0069	–0. 7873	–0. 7474
安徽	–0. 3942	0. 2782	–0. 4323	–0. 2344
江西	0. 7141	1. 504	1. 7983	1. 4942
湖北	1. 7941	2. 2595	1. 3479	1. 208
湖南	–0. 4839	–0. 7228	–0. 1424	0. 6051
重庆	0. 6301	0. 6829	0. 5016	0. 3271
四川	3. 7334	3. 5349	3. 0183	4. 9168
贵州	1. 0328	1. 0616	1. 3929	1. 3009
云南	5. 9669	9. 3946	9. 9497	6. 6003

资料来源：笔者整理计算所得。

根据表 4 – 19 的结果我们可以发现长江经济带各地区各年度生态总体状态及变化，首先，按照地区划分对不同年度的生态状况进行分析。上海 2011 年、2014 年、2017 年 3 个年度存在生态赤字的情况，生态环境状态并不理想，但 2017 年赤字状态稍有恢复；江苏 4 个年度全部存在不同程度的生态赤字，并且其赤字状况愈演愈烈；浙江 2014 年及 2017 年存在生态赤字，2017 年赤字状态稍有恢复；安徽 2008 年、2014 年、2017 年 3 个年度存在不同程度生态赤字，2017 年赤字状态有所恢复；江西、湖北、重庆、贵州、云南 4 个年度均存在生态盈余，生态状况较好，但生态盈余先增大后减少，地区生态系统安全性降低；湖南 2008 年、2011 年、2014 年 3 个年度处于生态赤字的状态，但 2017 年生态环境有明显的改善转变成生态盈余。存在生态盈余的地区证明生态容量基本能够满足地区内人类的生产生活活动需求，地区的生态系统相对安全，地区发展处于可持续发展状态。其次，按照时间对长江经济带不同地区的生态状况进行分析，长江经济带生态状况的表现为长江经济带下游地区生态盈余较低，生态赤字显著；长江经济带中游地区安徽、湖南同长江经济带上游地区生态状况相似，表现并不理想，但江西和湖北与之相比生态状况明显较好；长江经济带下游地区省份生态盈余表现显著，云南的生态状况最为优越，重庆与长江经济带下游地区其他省份相比较为逊色。

第5章 生态足迹空间溢出效应及影响因素的分析

长江经济带横跨中国西南地区、华中地区、华北沿海地区，生态环境复杂，自然资源丰富且分布不均。近年来社会经济发展较快，区域生态资源、能源的开发也逐年增加。为确保区域可持续发展，探讨人类对区域生态环境造成的影响，揭示产生影响的多方面原因和变化规律，本章利用空间计量理论及模型对长江经济带生态足迹的溢出效应及影响因素进行研究。

5.1 生态足迹和生态承载力的溢出效应——空间相关性检验

通过R软件和GeoDa地理信息软件获得生态足迹和生态承载力2008年、2011年、2014年、2017年4个年度的全局Moran's I指数，如表5-1所示。

表5-1　　Moran's I指数检验结果

类别	项目	2008年	2011年	2014年	2017年	平均值
生态足迹	Moran's I	0.16319057	0.15101621	0.21109767	0.24456724	0.19608185
	p值	0.08938	0.09164	0.04716	0.02783	0.05897

续表

类别	项目	2008 年	2011 年	2014 年	2017 年	平均值
生态承载力	Moran's I	0. 38381156	0. 39728356	0. 39909882	0. 57475854	0. 45962784
	p 值	0. 001776	0. 001464	0. 0008993	0. 0001775	0. 0005735

资料来源：笔者整理计算所得。

从表 5 - 1 中可以看到，生态足迹和生态承载力的历年全局 Moran's I 指数均大于 0，说明全部呈现较为明显的空间正相关，表明了存在聚集的现象，在 90% 的置信度下，所有 p 值显著小于 0. 1，认为数据随机生成的概率低于 10%，说明数据中包含了显著的空间自相关性。并且根据全局 Moran's I 指数可以发现生态足迹的聚集性比生态承载力的聚集性弱，生态足迹的所有全局 Moran's I 指数均小于生态承载力。

人均生态足迹和人均生态承载力的全局 Moran's I 指数随着年份的增加而增加，说明长江经济带的生产生活活动随着时间的推移而变得更为密切，各地区之间的交互活动更丰富，带来了更大的溢出效应，这样的结果是显而易见的。

根据 GeoDa 软件绘制的 Moran 散点图，如图 5 - 1 所示。我们可以看到 2008 年各个点的整体分布相对分散，但 11 个点中有大部分分布在低 - 低正相关群和高 - 高正相关群，随着时间的推移，各个点的分布发生了明显的变化，更多的点向高 - 高正相关象限聚集。

进一步了解长江经济带局部的空间相关性情况，我们使用 GoeDa 软件以 4 个年度的平均生态足迹绘制局部 Moran 图，利用这些局部 Moran 图我们可以发现，长江经济带 11 个省份中安徽、江西两地通过了 $p = 0.05$ 和 $p = 0.01$ 的显著性检验，并且属于高 - 高聚集区，该区域被高生态足迹包围，属于生态占用较为严重的地区。

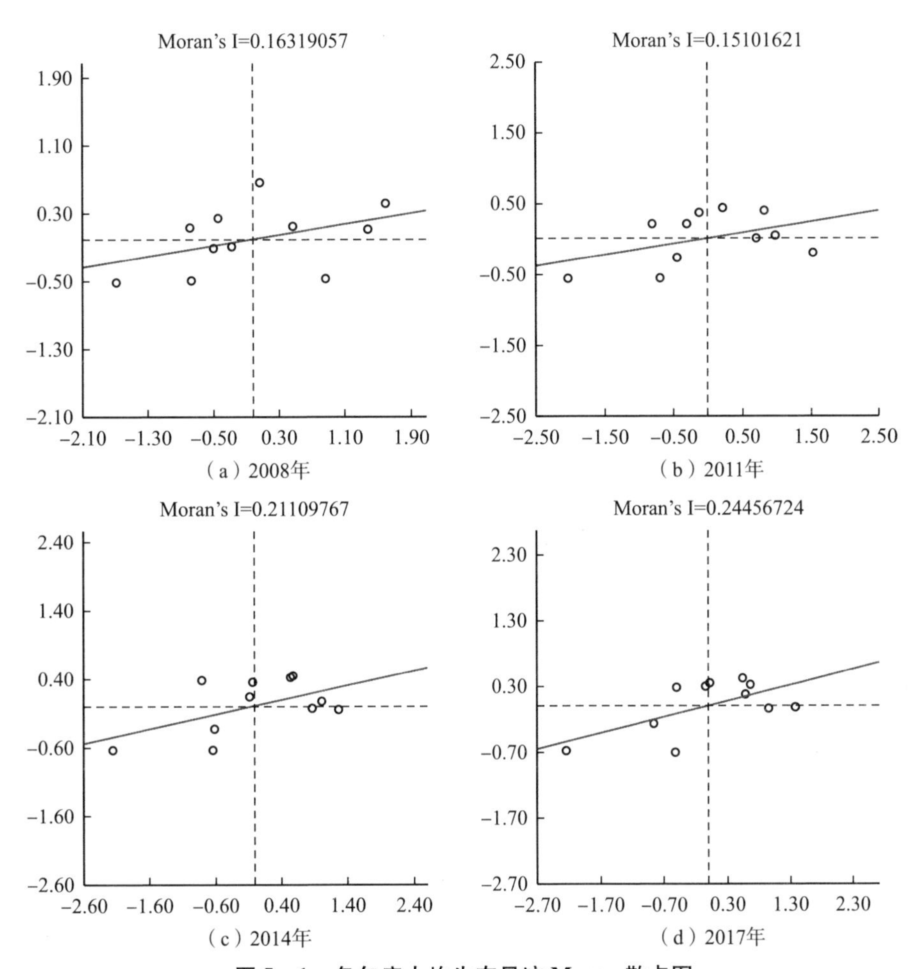

图 5－1　各年度人均生态足迹 Moran 散点图

资料来源：笔者整理计算所得。

根据 GeoDa 软件绘制的 Moran 散点图，如图 5－2 所示。我们可以看到 2008 年、2011 年、2014 年各个点的分布变化不大，但 11 个点中有大部分分布在低－低正相关群，2017 年各个点的分布发生了明显的变化，更多的点向高－高正相关象限聚集。

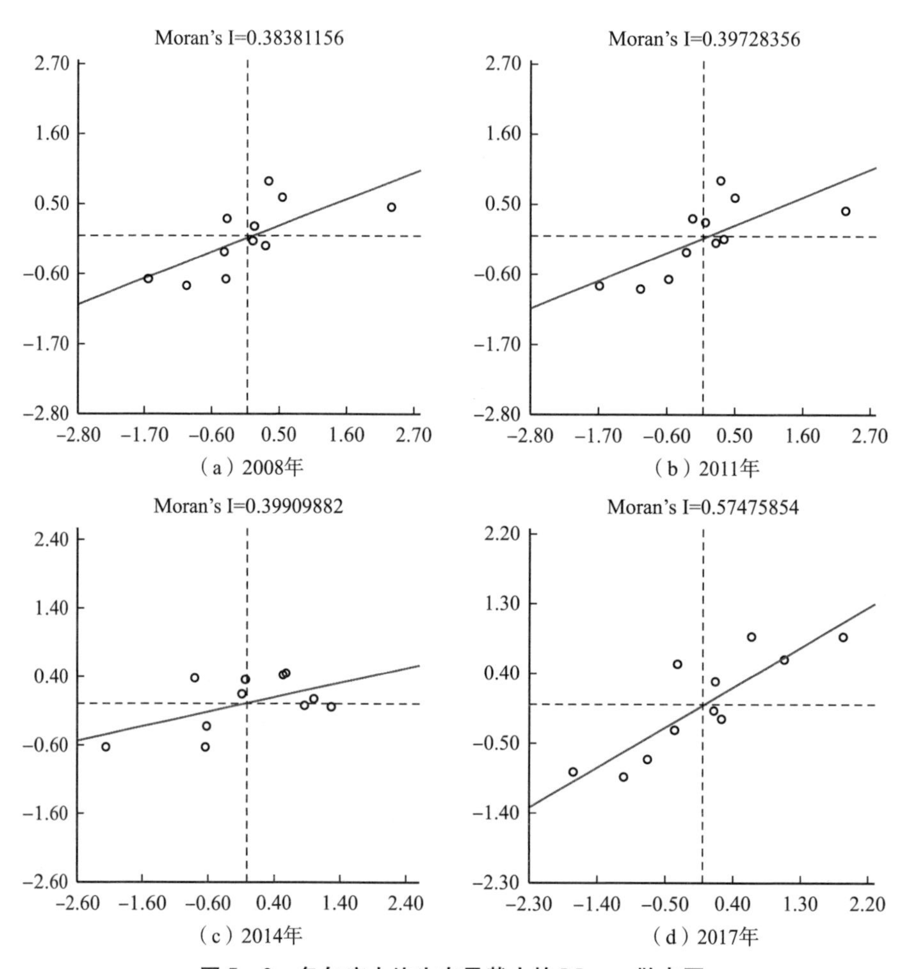

图 5－2　各年度人均生态承载力的 Moran 散点图

资料来源：笔者整理计算所得。

进一步了解长江经济带局部的空间相关情况，我们使用 GeoDa 软件以 2008 年、2011 年、2014 年、2017 年 4 个年度的平均生态承载力绘制局部 Moran 图，利用这些局部 Moran 图我们可以发现，长江经济带 11 个省份中江苏通过 p＝0.01 的显著性检验，浙江、四川、云南和贵州通过 p＝0.05 的显著性检验。其中浙江、江苏两地属于低－低正相关群，低生态承载力被低生态承载力包围，认为该范围的生态环境存在消极的互相影响关系，四川、

云南和贵州属于高 – 高聚集区，高值被高值包围，属于生态资源保持良好、可持续性较好的地区。

人均生态足迹和人均生态承载力均表现出全局自相关性和局部自相关性，证明了生态足迹和生态承载力均具有空间相关性，地域之间相互影响，具有溢出效应。

5.2 生态足迹的影响因素分析

5.2.1 数据与指标选取

本书选择描述生产生活的 6 个维度进行生态足迹影响因素的分析。所有数据均来源于各年度《中国统计年鉴》。

（1）生态承载力（*ec*，公顷/人）。生态承载力指标描述了地区生态环境的整体状况，生态承载力代表的是大自然可供给人类的自然资产和消纳各类废弃物的能力。

（2）居民人均可支配收入（*income*，元）。居民可支配收入是居民可用于最终消费支出和储蓄的总和，生产生活的本质是人类追求富足安定的生活，从一定程度可支配收入的多少反映生产生活对生态资源的占用。

（3）城镇化率（*rate*,%）。城镇化的扩展改变了土地用途，吸纳了农村人口，许多农村人口放弃了农林牧渔作业转而投入到其他产业的工作中，城市生活也将使用更多的生物资源和能源资源，对生态足迹的变化有一定程度的影响，使用城镇居民人口占比数表示城镇化水平。

（4）地方政府环境保护支出（*expend*，亿元）。2007 年政府预算收支中设置了节能环保支出科目，为环境保护提供了有力的财政支持。环境保护支出反映了政府从经济上对生态环境的修复力度。

（5）第三产业产值占 GDP 比重（*proportion*,%）。第一产业的属性是取自于自然界；第二产业是加工取自于自然的生产物；其余的全部经济活动统归第三产业。第一、第二产业是对生态资源进行直接占用的产业，对环境的影响更为明显。第三产业产值占比越大，说明第一、第二产业产值占比越小，对资源的直接占用和影响就越小。

（6）出口依存度（*export*）。出口依存度是从外贸易依存度发展而来，是指一个国家或地区的国民经济对出口贸易的依赖程度，是用本国或地区的出口贸易额在国内生产总值或地区生产总值中的比重表示的。商品货物的大量出口意味着占用了更多资源进行生产活动。出口依存度的公式为：

$$\text{出口依存度} = \frac{\text{地区出口总额}}{\text{地区生产总值}} \tag{5-1}$$

其中，地区出口总额以万美元为单位，计算时需进行单位的换算，使用相应年度的人民币兑美元平均汇率进行转换，汇率如表5－2所示。

表5－2　　人民币兑美元汇率

项目	2017年	2014年	2011年	2008年
人民币兑美元平均汇率	6.6423	6.2897	6.8281	7.8073

资料来源：国家统计局数据查询。

通过汇率计算出地区出口总额（亿元），进一步获得出口依存度指标。

综合以上指标获得相应的指标体系，如表5－3所示。

表5－3　　2008年、2011年、2014年、2017年长江经济带生态足迹影响因素

年份	省份	生态足迹（公顷/人）	生态承载力（公顷/人）	居民人均可支配收入（元）	城镇化率（%）	地方财政环境保护支出（亿元）	第三产业占GDP比重（%）	出口依存度
2008	上海	1.08210	1.3880	22099.99	88.6	25.08	56	0.899
	江苏	3.38500	3.3150	11783.64	54.3	95.18	38.4	0.623
	浙江	4.86730	6.0925	15305.63	57.6	46.52	41.0071	0.534
	安徽	4.33710	3.9429	6620.27	40.5	54.74	36.54	0.094

续表

年份	省份	生态足迹（公顷/人）	生态承载力（公顷/人）	居民人均可支配收入（元）	城镇化率（%）	地方财政环境保护支出（亿元）	第三产业占GDP比重（%）	出口依存度
2008	江西	6.14160	6.8557	6992.87	41.36	31.84	33.7	0.074
	湖北	4.50330	6.2974	7314.54	45.2	40.92	40.5	0.068
	湖南	5.45450	4.9706	7297.55	42.15	41.71	40.1	0.055
	重庆	2.11190	2.7420	8438.62	49.99	52.93	45.5	0.075
	四川	2.70180	6.4352	6235.26	37.4	79.15	36.2	0.064
	贵州	2.43340	3.4662	4719.16	29.11	40.44	41.3044	0.040
	云南	4.31920	10.2861	5434.42	33	58.46	39.1	0.077
2011	上海	0.95130	0.4878	29926.98	89.3	51.62	58	0.719
	江苏	3.96180	3.3244	17493.97	61.9	170.37	42.4	0.446
	浙江	5.03940	5.0463	21196.71	62.3	78.11	43.9	0.445
	安徽	5.06920	5.3474	9802.43	44.8	81.96	32.52	0.069
	江西	5.61710	7.1211	10059.34	45.7	43.76	33.4	0.097
	湖北	5.26110	7.5206	10914.52	51.83	101.11	36.9	0.062
	湖南	5.26150	4.5387	10360.75	45.1	85.26	38.3	0.034
	重庆	2.45760	3.1405	12605.95	55.02	100.81	47	0.065
	四川	3.33770	6.8726	9255.35	41.83	115.8	38.2	0.075
	贵州	3.17840	4.2400	7079.87	34.96	55.45	48.8	0.028
	云南	5.44210	14.8367	8155.04	36.8	95.86	41.6	0.072
2014	上海	0.94970	0.4250	45965.83	89.6	77.32	64.82	0.589
	江苏	4.24010	3.3450	27172.77	65.21	237.78	47.01	0.346
	浙江	5.26200	4.4747	32657.57	64.87	120.65	47.85	0.414
	安徽	5.34860	4.9163	16795.52	49.15	104.76	35.39	0.092
	江西	5.50750	7.3058	16734.17	50.22	68.13	36.7	0.123
	湖北	5.93750	7.2854	18283.23	55.67	103.78	41.45	0.058
	湖南	5.52760	5.3852	17621.74	49.28	137.49	42.19	0.026
	重庆	2.70670	3.2083	18351.9	59.6	105.51	46.8	0.230

续表

年份	省份	生态足迹（公顷/人）	生态承载力（公顷/人）	居民人均可支配收入（元）	城镇化率（%）	地方财政环境保护支出（亿元）	第三产业占GDP比重（%）	出口依存度
2014	四川	3.74670	6.7650	15749.01	46.3	168.69	38.7	0.100
	贵州	3.40070	4.7936	12371.06	40.01	85.34	44.55	0.054
	云南	5.21870	15.1684	13772.21	41.73	108.88	43.25	0.085
2017	上海	0.87500	0.3781	58987.96	87.7	224.66	69.18	0.432
	江苏	4.26980	3.2322	35024.09	68.76	292.1	50.27	0.274
	浙江	5.04540	4.2980	42045.69	68	190.15	53.32	0.377
	安徽	5.18230	4.9479	21863.3	53.49	198.64	42.92	0.077
	江西	5.42180	6.9160	22031.45	54.6	143.4	42.70	0.107
	湖北	5.92270	7.1307	23757.17	59.3	139.71	46.53	0.053
	湖南	4.84840	5.4535	23102.71	54.62	173.28	49.43	0.037
	重庆	3.01880	3.3459	24152.99	64.08	154.95	49.24	0.152
	四川	3.61600	8.5328	20579.82	50.79	197.75	49.73	0.056
	贵州	3.34990	4.6508	16703.65	46.02	125.39	44.90	0.027
	云南	5.11270	11.7130	18348.34	46.69	179.48	47.83	0.052

资料来源：根据各年份《中国统计年鉴》整理计算所得。

5.2.2 基于信息准则的空间计量面板模型选择

前文已经证明了生态足迹和生态承载力具有明显的空间效应，所以在对生态足迹进行影响因素分析时应考虑将空间相关性。为了进一步证明这一点，我们以2008年的数据为例，首先建立简单的计量模型进行拟合观察模型结果，模型为：

$$ef = c + \beta_1 x_{ec} + \beta_2 x_{income} + \beta_3 x_{rate} + \beta_4 x_{expand} + \beta_5 x_{proportion} + \beta_6 x_{export} + \varepsilon \quad (5-2)$$

其中，ef代表人均生态足迹，x_{ec}代表人均生态承载力，x_{income}代表居民人均可支配收入，x_{rate}代表城镇化率，x_{expand}代表地方财政环境保护支出，$x_{proportion}$代表第三产业占 GDP 比重，x_{export}代表出口依存度。我们得到一般计量模型的回归结果，如表 5 - 4 所示。

表 5 - 4　　　　简单计量模型结果

项目	系数	T 值	p 值
常数项	13.3605537	2.936	0.0426
ec	0.1636241	0.887	0.425
income	0.0002532	0.524	0.6167
rate	0.0014403	0.013	0.9904
expend	-0.0444976	-1.845	0.1388
proportion	-0.2603268	-2.478	0.0684
export	-3.1441935	-0.763	0.4877
指标值	R = 0.8087；$\bar{R}$ = 0.5216；F 检验 = 2.818；p 值（F）= 0.1676；BP 检验 = 3.0348；p 值（BP）= 0.8045；JB 检验 = 0.48961；p 值（JB）= 0.7829		

资料来源：通过 R 软件计算所得。

从模型结果来看，解释变量中只有常数项和第三产业产值占 GDP 的比重通过了显著性检验，JB 检验和 BP 检验都不显著，JB 统计量全称为 Jarque-Bera 统计量，是检验数据是否具有符合正态分布的偏度和峰度的一种方法，用于针对正态性的检验，JB 检验的原假设为偏度为 0，峰度为 3（满足正太分布的偏度与峰度）。BP 统计量全称为 Breusch-Pagan 统计量，是一种用来检验数据异方差性的常用方法，BP 检验的原假设为存在同方差性。本书中两类检验的 p 值均大于 0.05，那么认为接受原假设，通过了正态性和同质性这两个假设。模型的可决系数为 0.8087，调整后的可决系数仅为 0.5216，可决系数不高，同时模型的 F 检验 p 值大于 0.05，多重判断下我们认为模型的拟合程度不好。

为排除由于变量过多导致的多重共线性影响，我们对回归模型进行多重共线性的检验，采用方差膨胀因子（VIF）对上述模型的6个变量进行共线性的判断，当0<VIF<10时，认为该变量不存在多重共线性，当10≤VIF≤100时，认为存在严重的多重共线性，通过R计算得到变量的VIF如表5-5所示。

表5-5　　方差膨胀因子表

变量	*ec*	*income*	*rate*	*expend*	*proportion*	*export*
VIF	1.807255	52.131295	30.560659	1.18736	2.874716	13.436886

资料来源：通过R软件计算所得。

通过计算我们发现其中x_{ec}代表人均生态承载力，x_{expand}代表地方财政环保支出，$x_{proportion}$代表第三产业占GDP的比重三个变量不存在多重共线性。重新进行简单计量模型的建立，得到模型结果如表5-6所示。

表5-6　　简单计量模型结果

项目	系数	T值	p值
常数项	12.80413	3.310	0.0162
ec	0.17293	1.107	0.3107
expend	-0.05014	-2.343	0.0576
proportion	-0.20468	-2.554	0.0433
指标值	R=0.9755；$\bar{R}$；0.6014；F检验=4.772；p值（F）=0.0449；BP检验=2.4768；p值（BP）=0.6488；JB检验=0.48961；p值（JB）=0.7829		

资料来源：通过R软件计算所得。

解释变量中只有常数项、政府环保支出和第三产业产值占GDP的比重分别通过了置信度为90%和95%的显著性检验，JB检验和BP检验的p值均大于 0.05，那么认为接受原假设，通过了正态性和同质性这两个假设。模型的可决系数提高，同时模型的 F 检验 p 值小于 0.05，模型具有了一定程度的解释性，但仍有人均生态承载力解释变量没有通过显著性检验，所以对该模型依然保持谨慎选择的态度。

接下来对上述非空间计量模型进行 LM 统计量检验，判断适用的空间计量模型，得到检验结果如表 5 -7 所示。

表 5 -7　　LM 检验统计量

LM 检验统计量	检验值	p 值
LM（lag）	0.9552	0.32841
Robust LM（lag）	5.2664	0.02174
LM（error）	2.1276	0.07209
Robust LM（error）	4.4388	0.03513

资料来源：通过 R 软件计算所得。

我们发现 LM（lag）、LM（error）两个检验统计量均拒绝了原假设，认为模型残差存在空间相关性，空间误差模型更为显著。同时 Robust LM（Lag）、Robust LM（error）两个检验统计量也表现出拒绝原假设，认为模型残差存在空间相关性，空间滞后模型更为显著。由于 LM 检验和稳健的 LM 检验结果均显著，但模型选择结果矛盾，需要继续对模型选择问题进行讨论。

通过极大似然值及构建信息准则对空间模型进行选择和诊断。分别建立空间误差模型（SEM）、空间滞后模型（SLM）、空间杜宾模型（SDM）以及空间杜宾误差模型（SDEM）。以信息准则为诊断依据选择最优模型进行建模和分析，对模型进行汇总如表 5 -8 所示。

表 5－8　　2008 年极大似然值及信息准则

空间计量模型	极大似然函数值	AIC 信息准则	SC 信息准则
SLM	－11.32511	36.65	39.43549
SEM	－7.708551	29.417	32.20237
SDM	8.153825	5.6925	10.0692
SDEM	10.35205	1.2959	5.672752

资料来源：通过 R 软件计算所得。

表 5－8 显示极大似然函数值最大的为空间杜宾误差模型（SDM），AIC 信息准则和 SC 信息准则最小的均为空杜宾误差模型（SDEM），由此我们认为选择空间杜宾误差模型（SDEM）对数据的拟合效果最优，给出空间杜宾误差模型（SDEM）参数结果如表 5－9 所示。

表 5－9　　2008 年空间杜宾误差模型结果

项目	系数	Z 值	p 值
常数项	－14.8148635	－1.2427	0.2139694
ec	0.4445482	3.606	0.0003109
expend	－0.0662812	－26.9138	<2.2e－16
proportion	0.0608482	0.6511	0.5149622
Lag. *ec*	－0.1110476	－0.2956	0.7675063
Lag. *expend*	－0.1057699	－3.6358	0.0002771
Lag. *proportion*	0.5095739	2.9326	0.0033612
指标值	LR 检验 ＝19.407；p 值（LR）＝1.06e－05；Wald 检验 ＝1385.1；p 值（Wald）<2.22e－16		

资料来源：通过 R 软件计算所得。

确定了模型以后，继续对模型进行检验，LR 检验和 Wald 检验是为了进一步确定模型是否最优，检验杜宾模型是否可以简化为滞后模型或者误差模型，模型中两类检验均表现显著，认为模型已经是最优模型，针对数据特点应选择空间杜宾误差模型（SDEM）。

根据上文中模型选取的思路，对 2008 年、2011 年、2014 年及 2017 年 4 个年度的数据进行模型选取和拟合，最终得到各年度的模型结果如表 5-10 所示。

表 5-10　2008 年、2011 年、2014 年、2017 年空间杜宾误差模型参数结果

年份	指标	系数	Z 值	p 值
2008	常数项	-14.8149	-1.2427	0.2139694
	ec	0.4445	3.606	0.0003109
	expend	-0.0663	-26.9138	<2.2e-16
	proportion	0.0608	0.6511	0.5149622
	Lag. *ec*	-0.1110	-0.2956	0.7675063
	Lag. *expend*	-0.1058	-3.6358	0.0002771
	Lag. *proportion*	0.5096	2.9326	0.0033612
	指标值	LR 检验 = 19.407；p 值（LR）= 1.06e-05；Wald 检验 = 1385.1；p 值（Wald）<2.22e-16		
2011	常数项	20.6323	9.5098	<2.2e-16
	ec	0.3213	14.6742	<2.2e-16
	expend	-0.0461	-26.3777	<2.2e-16
	proportion	-0.0858	3.2622	0.001106
	Lag. *ec*	-0.0330	-0.1413	0.887632
	Lag. *expend*	-0.1729	-8.206	2.22e-16
	Lag. *proportion*	-0.1209	-1.4769	0.139691
	指标值	LR 检验 = 31.621；p 值（LR）= 1.8742e-08；Wald 检验 = 9825.5；p 值（Wald）<2.22e-16		
2014	常数项	35.8154	192.011	<2.2e-16
	ec	-0.0775	-45.181	<2.2e-16
	expend	-0.0235	-163.028	<2.2e-16
	proportion	-0.1676	-164.318	<2.2e-16

续表

年份	指标	系数	Z 值	p 值
2014	Lag. *ec*	-0. 8298	-89. 764	<2. 2e -16
	Lag. *expend*	-0. 0285	-65. 288	<2. 2e -16
	Lag. *proportion*	-0. 1643	-30. 309	<2. 2e -16
	指标值	LR 检验 = 74. 987；p 值（LR）<2. 2e -16；Wald 检验 = 20215；p 值（Wald）<2. 22e -16		
2017	常数项	-19. 9377	-3. 8298	0. 0001283
	ec	0. 1289	13. 5711	<2. 2e -16
	expend	-0. 0351	-10. 0872	<2. 2e -16
	proportion	-0. 1155	-14. 9418	<2. 2e -16
	Lag. *ec*	-4. 0932	-9. 2467	<2. 2e -16
	Lag. *expend*	0. 0609	5. 5487	2. 88e -08
	Lag. *proportion*	1. 2348	7. 0786	1. 46e -12
	指标值	LR 检验 = 21. 526；p 值（LR）= 3. 4904e -06；Wald 检验 = 2991. 6；p 值（Wald）<2. 22e -16		

资料来源：通过 R 软件计算所得。

5. 2. 3 生态足迹的影响因素——空间计量模型的结果分析

上述模型选择之后我们得到空间模型参数结果，其中 2008 年、2011 年和 2017 年均选择空间杜宾误差模型（SDEM），2014 年选择空间杜宾模型（SDM）。我们对各年度的影响因素进行分析，发现相同的指标在不同时期对同一被解释变量的影响程度和方向也可能发生变化。

5. 2. 3. 1 2008 年模型结果

2008 年的模型结果中生态承载力（X_{ec}）对生态足迹有着显著的正向影响，意味着随着生态承载力的增加生态足迹也在增加，此时长江经济带各省份还处在一个发展的状态，对各类生产性土地的占用，资源的使用都随着资源供给的增加而增加。生态承载力的滞后项不显著，意味着 2008 年长江经济带邻近地区的生态承载力增加对某一地区的生态足迹的影响不显著，各省份之间在资源供给上对生态足迹没有溢出效应。

政府环境保护支出（X_{expend}）对生态足迹有着显著的负向影响，政府环保支出的增加带来生态足迹减少的效果，财政支出对环境保护的倾斜必然带来了生态占用的减少。环境保护支出的滞后项也显著为负，影响程度大于政府环境保护支出，意味着邻近地区若加大环保财政投入，那么对本地区的生态足迹有着显著的缓解作用，利于整个长江经济带地区的环境恢复。

第三产业产值占 GDP 的比重（$X_{proportion}$）对生态足迹的影响不显著，说明 2008 年长江经济带地区的产业占比对资源占用暂时未有明显的影响，但其滞后项却显著为正，说明某地区邻近地区第三产业越发达对本地区的生态足迹有着显著的正向影响。邻近地区第三产业的比重增大，很可能意味着将第一产业和第二产业向本地区进行了转移和进口依赖，导致本地区生态足迹增加。

总体而言，生态承载力和第三产业占 GDP 比重的滞后项对生态足迹的影响最大，这个阶段生态资源供给和产业结构是对生态足迹影响最大的因素。

5.2.3.2 2011 年模型结果

2011 年的模型结果中生态承载力（X_{ec}）对生态足迹有着显著的正向影响，较 2008 年影响程度减少，此时生态足迹和生态承载力的变化方向依然一致，资源的使用还是随着资源供给的增加而增加。生态承载力的滞后项不显著。

政府环境保护支出（X_{expend}）对生态足迹有着显著的负向影响，较 2008 年影响程度减少，政府环保支出的增加带来生态足迹减少。环境保护支出的滞后项也显著为负，较 2008 年影响程度增强，某一地区的邻近地区若加大环保财政投入，那么对本地区的生态足迹有着显著的缓解作用，利于整个长江经济带地区的环境资源恢复。

第三产业产值占 GDP 的比重（$X_{proportion}$）对生态足迹有着显著的负向影响，2011 年长江经济带地区的第三产业越发达对资源占用越少，第一、第二产业包括了生态足迹的全部六个领域，第三产业的发展带来了对生态资源占用的释放。其滞后项显著为负，说明某地区邻近地区第三产业越发达对本地区的生态足迹有着显著的负向影响。邻近地区的生态资源释放对本地区有着积极的影响，这种趋势也利于长江经济带地区的环境资源恢复。

2011 年生态承载力和政府环保支出的滞后项对生态足迹的影响最大，这个阶段生态资源供给和政府的对环保整治的决心和支持是对生态足迹影响最大的因素。

5.2.3.3　2014 年模型结果

2014 年模型结果中生态承载力（X_{ec}）对生态足迹有着显著的负向影响，较 2011 年影响程度减少，但影响方向已经发生了变化。意味着随着生态承载力的增加生态足迹随之减少，此时各地区正在释放已经被占用的生态资源。生态承载力的滞后项此时已经有了显著的负向影响，并且影响程度增强，意味着 2014 年长江经济带中某地区邻近地区的生态承载力增加促使某一地区的生态足迹减少，邻近地区的生态状态转好影响着本地区的生态环境转好，生态状况之间具有同向的相似性。

政府环境保护支出（X_{expend}）对生态足迹依旧有着显著的负向影响，政府环保支出的增加带来生态足迹减少，但这种影响较往年而言影响程度在减弱。环境保护支出的滞后项也显著为负，较 2011 年影响程度减小，政府环保支出依然利于整个长江经济带地区的环境资源恢复，但效果已经不如往年。

第三产业产值占 GDP 的比重（$X_{proportion}$）对生态足迹有着显著的负向影响，代表着第三产业越发达生态足迹也随之减少，这种影响程度较 2011 年增强，产业结构对生态环境的恢复起到的作用越来越明显。其滞后项显著为负，某地区邻近地区第三产业越发达对本地区的生态足迹有着显著的负向影响。说明产业结构的变化有利于长江经济带整个地区的环境资源恢复。

2014 年生态承载力的影响方向发生了变化，是该阶段各地区对生态环境重视的体现，逐渐释放的生态资源让生态环境得以改善。这个阶段对生态足迹影响最大的因素是第三产业产值占 GDP 的比重和生态承载力的滞后项。

5.2.3.4 2017 年模型结果

2017 年模型结果又发生了变化，生态承载力（X_{ec}）对生态足迹有着显著的正向影响，较 2014 年不仅影响方向变化影响程度也增强，此时生态足迹和生态承载力的变化方向依然一致，资源的使用还是随着资源供给的增加而增加。生态承载力的滞后项此时有显著的负向影响，并且影响程度增强，虽然本地区生态足迹随着生态承载力增加而增加，但是某地区邻近地区的生态承载力增加仍能促使某一地区的生态足迹减少。

政府环境保护支出（X_{expend}）对生态足迹依旧有着显著的负向影响，这种影响较 2014 年而言较为增强，政府行为对生态足迹的约束性变大。但环境保护支出的滞后项却改变影响方向，存在着显著的负向影响，较 2014 年影响程度增强。某一地区的邻近地区若加大环保财政投入，那么将使本地区的生态足迹增加，此时邻近地区的环保投资使得本地区的资源占用情况恶化，这可能是生态占用转移带来的效果。

第三产业产值占 GDP 的比重（$X_{proportion}$）对生态足迹有着显著的负向影响，代表着第三产业越发达生态足迹也随之减少，这种影响程度较 2014 年减小，产业结构对生态环境的恢复作用依然显著。但其滞后项却又发生变化影响显著为正，说明某地区邻近地区第三产业越发达对本地区的生态足迹有着显著的正向影响。邻近地区第三产业的比重增大，很可能意味着将第一产业和第二产业向本地区进行了转移和进口依赖，导致本地区生态足迹增加，这也和环保支出的滞后项改变影响方向的原因相互呼应。地区通过产业转移来降低本地区的生态资源使用。

2017 年生态足迹的影响因素也发生了较大的变化，表现出该阶段的政策导向转变。此时对生态足迹影响最大的因子是生态承载力的滞后项及第三产业产值占 GDP 比重的滞后项。

第 6 章 重庆在长江经济带中的发展战略定位

依据第 3 章对长江经济带各省份优势比较分析，整理出重庆各指标在整个长江经济带的综合排名及在长江经济带上游地区的排名（见表 6－1）。结合表 6－1 对重庆在长江经济带中的发展战略给出建议，以此助力重庆经济社会发展，进而推动长江经济带的协调发展，使重庆成为促进长江经济带发展的强力引擎。

表 6－1　　重庆各指标在整个长江经济带及长江经济带上游地区的排名

<table>
<tr><th colspan="2">指标</th><th>在整个长江经济带的排名</th><th>在长江经济带上游地区的排名</th></tr>
<tr><td rowspan="3">人口</td><td>人口红利指数</td><td>7</td><td>2</td></tr>
<tr><td>人口平均受教育年限</td><td>6</td><td>1</td></tr>
<tr><td>人口优势指数</td><td>6</td><td>1</td></tr>
<tr><td colspan="2">经济综合实力</td><td>7</td><td>2</td></tr>
<tr><td rowspan="6">制造业行业下的优势产业</td><td>汽车制造业</td><td>1</td><td>1</td></tr>
<tr><td>铁路、船舶、航空航天和其他运输设备制造业</td><td>1</td><td>1</td></tr>
<tr><td>计算机、通信和其他电子设备制造业</td><td>1</td><td>1</td></tr>
<tr><td>造纸及纸制品业</td><td>4</td><td>1</td></tr>
<tr><td>医药制造业</td><td>5</td><td>—</td></tr>
<tr><td>农副食品加工业</td><td>—</td><td>2</td></tr>
</table>

续表

指标	在整个长江经济带的排名	在长江经济带上游地区的排名
对外贸易显性比较优势指数	3	1
科技创新指数	5	1
区位优势指数	4	1
交通优势指数	5	1

注：表中“—”代表不占优势。
资料来源：笔者整理计算所得。

6.1 产业发展战略：大力发展技术密集型和资本密集型的产业

由人口比较优势分析可知，重庆的人口优势指数在长江经济带中排第七位，在长江经济带上游地区中排第一位，因此重庆的人口在长江经济带中不具有比较优势，但在长江经济带上游地区中具有明显的比较优势。此外，从表 6 - 1 中还可以看出，重庆在长江经济带上游地区具有人口红利优势，且人均受教育年限在长江经济带上游排第一位，说明重庆的人口质量比较高，劳动年龄人口在劳动技能上具有较好的基础，并且根据人口红利的分析可知，重庆的劳动年龄人口后续增长乏力，劳动力成本将会持续走高。同时由经济综合实力比较优势分析可知，重庆的经济发展水平在长江经济带上游地区中具有比较优势，因而重庆的资本储备应该是相对丰富的，为重庆未来的产业发展奠定了经济基础。综合人口和经济比较优势的分析，重庆未来产业发展战略应以技术密集型和资本密集型产业为重点，劳动密集型产业并不适合重庆未来的产业发展。同时技术密集型和资本密集型产业更是国家产业转型的方向，重庆的发展战略应当顺应国家的发展趋势，完成自我产业升级。所以，技术密集型和资本密集型的产业发展战略对于重庆来说是合理的。

6.2　经济发展战略：建设成长江上游地区经济中心

从表 6 –1 中可以看出，重庆的经济综合实力在长江经济带中排第七位，在长江经济带上游地区中排第二位，因此重庆的综合经济实力比较优势在整个长江经济带中并不明显，但在长江经济带上游地区中却占据比较优势，经济发展水平处于长江经济带上游地区的领先水平。综合区位优势分析，重庆的区位优势指数在长江经济带上游地区中排第一位，经济越是发达的地区，越具有宏观区位优势，且处于不断强化的状态，因此，重庆在长江经济带上游地区区位占据着绝对优势。2016 年习近平总书记视察重庆时强调，重庆是西部大开发的重要战略支点，处在“一带一路”和长江经济带的连接点上，在国家区域发展和对外开放格局中具有独特而重要的作用。而每一个经济发达的城市，都会存在着溢出效应，带动周边城市的发展。从而努力将重庆建设成为长江经济带上游地区的经济中心这个发展战略与重庆的两点“定位”是相吻合的，也是合理的，使重庆成为一个强有力的区域经济带动中心，让重庆经济的高速发展带动整个长江经济带“龙尾”地区经济的快速发展。

6.3　制造业行业发展战略：国家重要现代制造业基地

经过多年来的快速发展，重庆制造业行业已具备一定的基础和实现更高水平发展的条件。科技是第一生产力，重庆在长江经济带上游地区中占据明显比较优势的创新能力，为重庆的制造行业提供了源源不断的创新驱动力。对重庆的制造业行业比较优势的分析可知，重庆的制造业行业经过多年的发展，已经培养出了一批相当优秀的产业，拥有了自己的品牌。重庆应该把握住自身制造业行业中已经取得的比较优势，把重庆建设成为一个以创新为引领、品牌为支撑、产业集群发展为模式、绿色环保发展为前提的国家重要现代制造业基地。在此基础上更快地推动建设制造业，使之成为国家重要的制造业基地，必须深刻认识并牢牢把握当前全球制造业发展新趋势和我国制造业发展新形势，优化空间布局、提高创新能力、调整产业结构、推进智能产业发展、智能制造和智能化应用、提升开放发展水平、推动工业化和信息化深度融合、强化工业基础能力、加强质量品牌建设，以此不断提高制造业发展的质量和效益。

从经济协调发展、制造业转移升级以及构建重庆未来国家重要现代制造业基地的角度考虑，结合上述分析及相关研究，根据重庆制造业的发展实际情况，提出如下对策建议：第一，为构建长江经济带制造业协调发展机制的同时，不盲目承接长江经济带下游地区的制造业的带内转移，要因地制宜，分区域协调发展。循环经济以及绿色低碳已成为当今社会发现的主旋律，多引进技术含量高且又环保的绿色产业，对科技含量低、单位能耗高、环境污染大的项目一律不再引进。第二，利用国家政策与其他省份资源，强化自身优势产业，发展滞后产业。第三，加强重庆创新能力建设，以创新为驱动发展制造业，落后的生产技术和模式及时淘汰转型。第四，重庆制造产业走生态与发展并重的道路。2018 年 3 月，习近平总书记在参加十三届全国人大一次会议重庆代表团审议时强调，“长江经济带不搞大开发、要共抓大保护，来刹住无序开发的情况，实现科学、绿色、可持续的开发”。① 生态优先和绿色发展应该成为长江经济带发展的核心理念，沿线的各个城市都应该切实地坚持和落实该理念，因此，重庆应围绕这个主题方针，在努力发展经济的同时，将保护生态环境落到实处，构筑好长江上游生态屏障，使重庆成为真正的山清水秀美丽之地。

6.4 外贸发展战略：加快建设内陆开放高地

在长江经济带对外贸易分析中，由表 3－13 可知，重庆的进出口总额在

① 李思辉．用先进理念推动长江经济带发展［N］．湖北日报，2018－04－25（3）．

长江经济带排名第四，在长江经济带上游地区排第一位；重庆地区市场对外开放程度（RCA 指数）在长江经济带中排第三位，在长江经济带上游地区中排在首位，因此，重庆的对外贸易在长江经济带中具有比较优势，且在经济带上游地区比较优势明显。此外，重庆具有交通便捷和相关产业规模化两大优势，使得其对外贸易有着较大的发展空间；同时，重庆在对外贸易的相关政策（如保税港、国家级口岸等）中也存在着较为明显的比较优势。因此，将重庆对外贸易发展战略定为互联互通、功能齐备、发展环境优良、开放型经济体系完善的内陆开放高地，这也正是重庆的“两地”发展目标之一。

结合重庆对外贸易发展的相关情况及相关研究，提出如下几点对策建议：第一，努力开拓对外贸易市场，积极引进外部优质资源，壮大开放主体，按照高质量要求加强招商引资，培育引进一批优强企业。第二，完善对外贸易的基础设施建设，提升开放平台，推进两江新区、重庆自贸试验区、中新互联互通项目建设。第三，完善物流系统要拓展开放通道，充分发挥长江黄金水道、渝新欧班列、“渝黔桂新”南向铁海联运班列等通道作用，提高通关智能化、便利化水平。第四，把握国家政策机遇。2008 年 11 月 12 日，国务院正式批复设立重庆两路寸滩保税港区，这是我国首个内陆保税港区和现今唯一的“水港 + 空港”一区双核的保税港区。2010 年 2 月重庆西永综合保税区由国务院批准设立，是我国规划面积最大的综合保税区。以及获国务院审批通过的三大国家级进口口岸的落户，致使重庆拥有许多内陆城市都没有的优势，把握这些政策机遇，把重庆打造成国内重要的对外贸易城市，助力重庆和国家的发展。

6.5 科技创新发展战略：长江经济带上游地区创新引领城市

科学技术是第一生产力，而创新能力则是科学技术强有力的引擎。根据科技创新比较优势分析，从表 6 - 1 中可以看出，重庆的科技创新指数在整个长江经济带排第五位，在长江经济带上游地区排第一位，因此重庆的科技创新水平在整个长江经济带具有比较优势，在长江经济带上游地区比较优势明显。因此，重庆应当强化研发机构的自主创新能力，推动产业由要素驱动向创新驱动转变，建设西部创新高地，同时激发全社会创新活力和创新潜能，实施科教兴市和人才强市行动计划，推动科技与经济融合、教育与产业对接、人才与发展匹配。因此，不管是为了自身的发展，还是带动整个“龙尾”和西部的创新发展来看，都应该把重庆科技创新战略定位成长江经济带上游地区创新引领城市，以重庆的高等院校和科研机构、高端产业、科技资源、人才要素等为基础，努力将重庆建设成为开放协同、人才集聚、创新生态良好、自主创新能力强的西部创新中心，形成以重庆为长江经济带上游地区创新引擎，带动上游地区其他省份共同创新的新局面。

6.6 区位战略定位：立足于“两点”定位

根据区位优势分析结果知，重庆的区位优势指数在整个长江经济带中排第四位，在长江经济带上游地区中排第一位，因此，重庆的区位优势在长江经济带和长江经济带上游地区都是显著的。重庆是长江经济带上游地区的经济中心、航运中心、综合交通枢纽和成渝城市群的核心；东部地区经济相对发达，西部地区自然资源丰富，东部发达的经济与西部丰富的资源如同 H 形两翼，长江则起着连接东部、西部的桥梁作用，重庆位于长江经济带与西部地区的关键节点，区位上承东启西，具有重要的战略地位。此外，重庆是西部大开发、成渝统筹城乡发展、“一带一路”和长江经济带等国家重大举措的交汇点，国家给予各大举措的特殊优惠政策都在这里进行叠加，使得重庆具有自己独特的政策叠加优势。重庆是西部大开发的重要战略支点，处在“一带一路”和长江经济带的连接点上，因此，对重庆在长江经济带的区位定位应立足于“两点”定位，发挥好重庆承启东西、沟通南北、通江达海的独特区位优势。

6.7 交通战略定位：长江经济带上游地区交通枢纽城市

交通的发展和城市的发展相互促进、相互作用，从一个城市交通的发展水平往往可以看出这个城市的发展水平，因此交通对于一个城市的发展具有重要作用。根据第3.7节对长江经济带中11个省份的交通优势比较分析可知，重庆交通优势指数得分在长江经济带中排第五位，在长江经济带上游地区排第一位，所以重庆交通在整个长江经济带和长江经济带上游地区都具有比较优势，且在长江经济带上游地区比较优势明显。同时重庆依托东向长江黄金航运通道，西向渝新欧铁路，南向渝黔、渝昆走廊和江北机场的航空通道构建出内畅、外联、互通的水、铁、公、空一体化多层次的立体交通网络体系，不仅成为长江经济带上游地区，更是整个西南部地区的综合交通枢纽，因此，将重庆定位为长江经济带上游地区的交通枢纽城市。

第 7 章

有关生态足迹的研究结论与建议

7.1 研究结论

7.1.1 均衡因子

本书计算了以 2007 年为基础长江经济带的均衡因子，它与现阶段其他学者在计算生态足迹时使用的“全球公顷”“全国公顷”都有较大的区别，差异主要是由于不同计算范围内具体的生产性土地面积及生物量的不同而造成的。水域的均衡因子较高，林地的均衡因子显著偏低，这也反映了长江经济带本身的土地性质。

7.1.2 人均生态足迹

人均生态足迹逐年减少的地区仅有上海、江西两地，释放出更多的生态资源。江苏、浙江、安徽、湖北、四川、贵州及云南的人均生态足迹均呈现先增加后减少的趋势；湖南人均生态足迹在 2014 年显著增加，2017 年又显著减少；长江经济带中仅重庆的人均生态足迹是逐年呈增长趋势。总体而言，长江经济带人均生态足迹的增幅在减小，2017 年较 2014 年而言，大部分地区生态足迹的增长受到了一定程度的制约。

7.1.3 人均生态承载力

长江经济带上游地区四川、云南以及中游地区江西和湖北的生态人均承载力较大，各省份的人均生态承载力 2008 年、2011 年、2014 年、2017 年 4 个年度均有变化。其中人均生态承载力整体呈增加趋势的地区有：重庆、四川。人均生态承载力整体逐年减少的地区有：上海、浙江。其他地区包括江苏、安徽、江西、湖北、贵州、云南，人均生态承载力呈现先增加后减少的趋势，仅湖南呈现先减少后增加的趋势。总体而言，长江经济带人均生态承载力依然呈现出递减的趋势，但降幅在减小，说明各地区已经开展了相应的补偿措施和政策导向，但由于生态环境恢复期较长的特点生态环境恢复效果尚不显著。

7.1.4 人均生态盈余及生态赤字

长江经济带下游地区上海、江苏和浙江存在较为显著的生态赤字现象，但各地赤字状态在 2017 年均有所恢复；江西、湖北、重庆在 2008 年、2011 年、2014 年、2017 年 4 个年度均存在生态盈余，生态状况较好，但生态盈余先增大后减少；湖南 2008 年、2011 年、2014 年 3 个年度处于生态赤字的状态，但 2017 年生态环境有明显的改善成生态盈余；四川、贵州、云南生态状况一直保持良好，在 2008 年、2011 年、2014 年、2017 年 4 个年度均存在生态盈余。整体上长江经济带生态状况的分布表现为长江下游地区生态盈余较低，生态赤字显著；长江经济带中游地区安徽、湖南同长江上游地区省份生态状况相似，并不理想，但江西和湖北与之相比生态状况明显较好；长江经济带下游地区省份生态盈余表现显著，云南的生态状况最为优越，重庆与长江经济带下游地区其他省份相比较为逊色。

7.1.5 生态足迹的溢出效应

生态足迹和生态承载力的2008年、2011年、2014年、2017年四个年度全局Moran's I指数均大于0，全部呈现较为明显的空间正相关，存在聚集的现象，表现出显著的空间自相关性。生态足迹的聚集性比生态承载力的聚集性弱。安徽、江西两地生态足迹通过了 $p=0.05$ 和 $p=0.01$ 的显著性检验，属于高－高聚集区；浙江、江苏两地生态承载力属于低－低正相关群，认为该范围的生态环境可持续性较低；四川、云南和贵州属于高－高聚集区，属于生态资源保持良好、可持续性较高的地区。全局Moran's I指数随着时间变化而增加，说明长江经济带的生产生活活动随着时间的推移而变得更为密切，人均生态足迹和人均生态承载力均表现出全局自相关性和局部自相关性，证明了地域之间生态足迹和生态承载力相互影响，具有溢出效应。

7.1.6 生态足迹的影响因素

影响生态足迹的主要因素有生态承载力、政府环境保护支出、第三产业产值占GDP的比重3个指标。2008年、2011年、2014年、2017年4个年度的影响效果和程度也有所变化。

生态承载力从整体上对生态足迹有正向的影响，人类生产生活活动的力度会随着该地区生态环境容量的增大而增大，生态足迹的产生主要依赖于生态环境本身的容量，符合自然现象基本规律。其滞后项2008年、2011年、2014年、2017年4个年度内均表现为负向影响，说明某地区邻近地区生态承载力的增加会引起某地区生态足迹的减少，长江经济带生态环境的恢复是存在互相影响的效果。

政府环境保护支出2008年、2011年、2014年、2017年4个年度均表现为显著的负向影响，说明政府对环境保护的资金投入和重视能够有效地缓解生态资源占用。其滞后项整体上表现为显著的负向影响，说明某地区邻近地区政府若加大环保支出会引起某地区生态足迹的减少，长江经济带政府行为之间也存在空间上的相互关联。

第三产业产值占 GDP 的比重从整体上对生态足迹有负向的影响，这说明随着第三产业的发展，生态资源的占用在减少，但其滞后项表现效果并不相同。当其表现为正向影响时，可能意味着邻近地区对当地进行了产业转移；当其表现为负向影响时，说明长江经济带地区各地产业发展相互带动作用增强。

7.2 建　　议

7.2.1 以长江经济带生态现状为视角

（1）上海、江西两地保持优势，重庆应加强控制生态资源占用、完善生态文明建设。

从生态足迹的计算结果中可以发现长江经济带各省份中人均生态足迹逐年减少的地区仅有上海、江西两地，这表示这两地在生态文明的建设中保持着较为领先的意识，较早地把生态环境的保护和建设问题重视了起来，应继续保持优势，在长江经济带中带好头、领好路，发挥生态足迹的溢出效应，带动周边地区其他省份生态足迹的缓解和降低；除重庆以外其他地区人均生态足迹均呈现先增加后减少的趋势，表现了当地前期注重生产开发，后期开始注重生态资源的可持续发展，这类地区应继续完善当地生态文明建设，再接再厉释放生态资源；重庆的人均生态足迹是呈逐年增长趋势，说明重庆仍处在发展阶段，对生态资源使用的依赖性较大，未来应在政策上、经济上、宣传教育上加大对生态环境保护的政策倾斜和投入力度。

（2）长江经济带下游地区应加快脚步扭转生态赤字，其余地区应着力巩固生态盈余。

长江经济带下游地区中上海、江苏、浙江及安徽普遍存在较为显著的生态赤字现象，生态赤字到生态盈余的转变需要降低当地生态足迹，提升当地生态承载力。对于经济发达的东部沿海地区以上海为例，当地生态足迹虽然逐年降低，但依然存在较为严重的生态赤字，经济发展的进程已经引起当地生态状态的持续报警，对生态现状的扭转，政府必须建立适当的生态补偿标准，以绿色 GDP 为发展新目标，转换能源结构，提倡清洁能源使用。多措并举、齐头并进，改善生态环境状况。长江经济带中游和下游地区大部分省份虽然保持着一定水平的生态盈余，但也存在生态盈余正在缩小的趋势，应保持现有的生态系统安全性，巩固加强生态文明建设，保持生态盈余的稳定存在。

（3）利用长江经济带生态足迹的溢出效应，上海、重庆应带动邻近地区相互支持，共同制订科学有效的生态文明建设方案。

研究证明，长江经济带生态足迹具有溢出效应，存在正向的空间相关性，邻近地区生态足迹的增加或者减少对该地区生态足迹的增加或减少有促进效应。因此，生态承载力较好的、生态足迹较小的地区应在长江经济带区域整体规划建设中起到带头作用。例如，生态承载力持续增长的重庆、生态足迹持续降低的上海应与邻近省份共同协作，制订科学有效的生态文明建设方案，互相带动，发挥各地区优势，取长补短树立“一盘棋”思想，全面协调协作。

7.2.2 以长江经济带生态足迹影响因素为视角

（1）提升当地生态承载力，带动邻近地区生态环境释放。

第一，严禁非法占用耕地和非法土地流转，恢复荒废的农林牧用地，保证各类生物生产性土地的人均现有面积不流失；第二，生态承载力滞后项表现出稳定的、显著的负相关效应，说明邻近地区的生态恢复对当地能够起到非常有效的带动作用，区域生态环境的转变需要每一个地区都参与到生态环境保护的事业中来，相互带动，提升区域生态资源的可持续发展能力；第三，不应无限制地探索生态承载力的容量边界，当地政策应有意识地控制生态资源、化石能源资源的使用，结合当年生态盈余和生态赤字制定相关环保政策。

（2）加大政府环境保护支出力度，重视环境资源可持续发展。

首先，增强民众环保意识，随着“绿水青山就是金山银山”观念逐渐深入人心，各地对环境和资源的问题更应该加大关注力度，加大环境保护宣传力度，从源头上抑制生态环境的破坏；其次，增加政府对环境保护的投资规模，帮助释放生态资源，缓解生态压力，让生态环境进入一个可持续发展的状态；最后，积极配合邻近地区的环保政策与合作，区域中邻近地区增加环保投资，对本地区也能带来有效的资源释放效果，地区之间的环保政策存在互相借鉴、参考的效果，能够有效带动区域生态环境恢复。

（3）坚持产业结构转变，大力发展第三产业。

首先，坚持产业结构的优化转型，发展各地第三产业，提升第一、第二产业的生产效率，降低对资源的占用情况，第三产业的大力发展能够有效促进生态足迹的减少；其次，注重教育、科技的软性投资，提高劳动力的知识水平和素质，以科技驱动、改革传统第一、第二产业的转型升级；最后，避免邻近地区间高消耗产业的相互转移，由于区域之间产业存在较高的相互依存性，想要从整体降低生态足迹需要各省份之间相互协调发展，共同进退，一荣俱荣，一损俱损。

参考文献

[1] 白雪. 天津市城市空间扩展中生态足迹变化与影响因素分析 [J]. 山西建筑, 2018, 44 (16): 1-2.

[2] 长江经济带发展规划纲要 [EB/OL]. http://www.ndrc.gov.cn/fzgggz/dqjj/qygh/201610/t20161011_822279.html.

[3] 常斌, 熊利亚, 等. 基于空间的生态足迹与生态承载力预测模型——以甘肃省河西走廊地区为例. [J]. 地理研究, 2007, 26 (5): 940-948.

[4] 陈安宁. 空间计量学入门与 GeoDa 软件应用 [M]. 杭州: 浙江大学出版社, 2014.

[5] 陈东景, 徐中民, 等. 中国西北地区的生态足迹 [J]. 冰川冻土, 2001, 23 (2): 164-169.

[6] 陈其兵, 彭治云, 唐峻岭, 等. 基于比较优势理论的武威市县域经济作物比较优势实证分析 [J]. 农业现代化研究, 2015, 36 (1): 99-104.

[7] 陈文玲. 一带一路与长江经济带战略构想内涵与战略意义——兼论重庆在两大战略中的定位 [J]. 中国流通经济, 2016, 30 (7): 5-16.

[8] 陈雁云, 邓华强. 长江经济带制造业产业集聚与经济增长关系研究 [J]. 江西社会科学, 2016, 36 (6): 68-72.

[9] 陈玉娟. 知识溢出、科技创新与区域竞争力关系的统计研究 [D]. 杭州: 浙江工商大学, 2013.

[10] 崔敬. 宏观区位研究 [D]. 大连: 东北财经大学, 2012.

[11] 方建德，杨扬，等．重庆市生态足迹时间序列动态特征及其驱动因子分析［J］. 生态环境学报，2009，18（4）：1337 - 1341.

[12] 冯兴华，钟业喜，李峥荣，傅钰．长江经济带城市体系空间格局演变［J］. 长江流域资源与环境，2017，26（11）：1721 - 1733.

[13] 冯银，成金华，等．中国省域能源生态足迹空间效应研究［J］. 中国地质大学学报，2017，17（3）：85 - 96.

[14] Giuseppe Arbia. 空间计量经济学入门在 R 中的应用［M］. 北京：中国人民大学出版社，2018.

[15] 高中良，郑钦玉，等．"国家公顷"生态足迹模型中均衡因子及产量因子的计算及应用——以重庆市为例［J］. 安徽农业科学，2010，38（15）：7868 - 7871.

[16] 关于依托黄金水道推动长江经济带发展的指导意见［EB/OL］. http：//www. gov. cn/zhengce/content/2014 - 09/25/content_9092. htm.

[17] 郭国强．空间计量模型的理论和应用研究［D］. 武汉：华中科技大学，2013.

[18] 韩召迎．基于生态足迹模型的区域可持续发展评价研究——以江苏省为案例［D］. 南京：南京农业大学，2012.

[19] 韩兆洲，安康，等．中国区域经济协调发展实证研究［J］. 统计研究，2012，29（1）：38 - 42.

[20] 何逢标．综合评价方法 MATLAB 实现［M］. 北京：中国社会科学出版社，2010：316 - 325.

[21] 霍小光．习近平总书记长江考察第二天［EB/OL］. 新华网，2018 - 04 - 26.

[22] 贾俊松．河南生态足迹驱动因素的 Hi-PLS 分析及其发展对献策［J］. 生态学报，2011（8）：2188 - 2195.

[23] 贾万敬，何建敏．主成分分析和因子分析在评价区域经济发展水平中的应用［J］. 现代管理科学，2007（9）：19 - 21.

[24] 蒋依依，王仰麟，等．国内外生态足迹模型应用的回顾与展望［J］. 地

理科学进展，2005，24（2）：13－22.

［25］孔令富．重庆市对外贸易的经济增长效应及其产业差异探析［J］．经济研究导刊，2013（3）：187－188.

［26］李惠杰，李战奎．基于熵值与功效评分法的区域经济比较优势评价［J］．中原工学院学报，2009，20（5）：44－46.

［27］李琳．科技投入、科技创新与区域经济作用机理及实证研究［D］．长春：吉林大学，2013.

［28］李敏，杜鹏程．长江经济带区域绿色持续创新能力的差异性研究［J］．华东经济管理，2018，32（2）：83－90.

［29］李岩，王珂，等．江苏省县域森林生态安全评价及空间计量分析［J］．生态学报，2019，39（1）：1－14.

［30］林光平，龙志和，等．我国地区经济收敛的空间计量实证分析：1978—2002年［J］．经济学（季刊），2005，10（4）：67－82.

［31］林黎阳．福建省生态足迹驱动因子分析［J］．福建师范大学学报（自然科学版），2014，30（4）：96－102.

［32］柳思维，周洪洋．我国流通产业全要素生产率空间关联和影响因素研究［J］．北京工商大学学报（社会科学版），2018，33（2）：38－50.

［33］鲁凤．生态足迹变化的动力机制及生态足迹模型改进研究［D］．上海：华东师范大学，2011.

［34］陆玉麒，董平．新时期推进长江经济带发展的三大新思路［J］．地理研究，2017，36（4）：605－615.

［35］马涛．中国对外贸易中的生态要素流分析［D］．上海：复旦大学，2005.

［36］彭智敏，冷成英．基于集聚视角的长江经济带各省市制造业比较优势研究［J］．南通大学学报（社会科学版），2015，31（5）：9－14.

［37］秦晓楠．基于BP-DEMATEL模型的沿海城市生态安全系统影响因素研究［J］．管理评价，2015，27（5）：48－57.

［38］任俊霖，李浩，伍新木，李雪松．基于主成分分析法的长江经济带省

会城市水生态文明评价 [J]. 长江流域资源与环境, 2016, 25 (10): 1537-1544.

[39] 任雪梅. 东西部人口经济比较研究 [D]. 成都: 西南财经大学, 2004: 20-29.

[40] 沈王一, 常雪梅. 建设人与自然和谐共生的现代化 [N]. 经济日报, 2017-10-22.

[41] 宋焕斌, 孙鸿鹏. 基于因子分析的区域经济实力比较 [J]. 辽宁石油化工大学学报, 2007, 27 (4): 71-74.

[42] 宋融秋, 陈泽. 重庆对外贸易发展态势研究 [J]. 重庆交通大学学报(社会科学版), 2016, 16 (5): 33-39.

[43] 孙久文, 姚鹏. 空间计量经济学的研究范式与最新进展 [J]. 经济学家, 2014, 7 (10): 27-35.

[44] 孙威, 李文会, 林晓娜, 等. 长江经济带分地市承接产业转移能力研究 [J]. 地理科学进展, 2015, 34 (11): 1470-1478.

[45] 孙威, 张有坤. 山西省交通优势度评价 [J]. 地理科学进展, 2010, 29 (12): 1562-1569.

[46] 孙祥, 李子奈. 一种空间矩阵选取的非嵌套检验方法 [J]. 数量经济技术经济研究, 2008, 7 (3): 147-159.

[47] 涂建军, 李琪, 朱月, 等. 基于不同视角的长江经济带经济发展差异研究 [J]. 工业技术经济, 2018, 37 (3): 113-121.

[48] 汪慧玲. 我国生态安全影响因素的实证研究 [J]. 干旱区资源与环境, 2016, 30 (6): 1-5.

[49] 王成新, 王格芳, 刘瑞超, 等. 区域交通优势度评价模型的建立与实证——以山东省为例 [J]. 人文地理, 2010 (1): 73-76.

[50] 王丰龙, 曾刚. 长江经济带研究综述与展望 [J]. 世界地理研究, 2017, 26 (2): 62-71, 81.

[51] 王佳宁, 王立坦, 白静. 长江经济带的战略要素: 11 省 (市) 证据 [J]. 重庆社会科学, 2014 (8): 5-14.

[52] 王宁宁，陈梦．苏州市生态足迹动态评价及影响因素分析［J］．北京城市学院学报，2017，139（3）：8－13.
[53] 王锐淇．科技自主创新、技术进步与比较优势行业遴选——基于重庆市 2001—2006 年工业数据的实证研究［J］．科技进步与对策，2010，27（14）：49－54.
[54] 王伟，孙芳城．金融发展、环境规制与长江经济带绿色全要素生产率增长［J］．西南民族大学学报（人文社科版），2018，39（1）：129－137.
[55] 王昕宇，黄海峰，等．基于面板数据模型的生态足迹与县域经济增长关系——以四川省宜宾市为例［J］．农村经济，2018（2）：39－44.
[56] 王周伟，崔百胜，张元庆．空间计量经济学现代模型与方法［M］．北京：北京大学出版社，2017.
[57] 吴俊琰．重庆在长江经济带中具有比较优势［J］．重庆与世界，2014（10）：38－39.
[58] 吴开亚，王玲杰．生态足迹及其影响因子的偏最小二乘回归模型与应用［J］．中国资源科学，2006，28（6）：182－188.
[59] 吴文丽．重庆在西部大开发中的比较优势及战略定位研究［J］．四川师范学院学报（自然科学报），2002，23（4）：363－367.
[60] 吴玉鸣．中国省域经济增长趋同的空间计量经济分析［J］．数量经济技术经济研究，2006，12（11）：101－108.
[61] 肖光恩，刘锦学，谭赛月明．空间计量经济学——基于 MATLAB 的应用分析［M］．北京：北京大学出版社，2018.
[62] 肖建武，余璐，等．湖南省区际生态补偿标准核算——基于生态足迹方法［J］．中南林业科技大学学报，2017，11（2）：27－33.
[63] 谢高地，等．地球生命力报告·中国 2015［R］. 2015－11－11.
[64] 谢高地，等．中国的生态空间占用研究［J］．资源科学，2001，23（6）：20－23.
[65] 徐中民，张志强．中国 1999 年生态足迹计算与发展能力分析［J］．应

用生态学报，2003，14（2）：280 - 285.

[66] 杨桂山，徐昔保，李平星．长江经济带绿色生态廊道建设研究［J］．地理科学进展，2015，34（11）：1356 - 1367.

[67] 杨继瑞，罗志高．“一带一路”建设与长江经济带战略协同的思考与对策［J］．经济纵横，2017（12）：85 - 90.

[68] 杨勇，任志远．铜川市1994～2003年人均生态足迹变化及社会经济动因分析［J］．干旱地区农业研究，2007，25（3）：213 - 218.

[69] 易平涛，张丹宁，郭亚军，等．动态综合评价中的无量纲化方法［J］．东北大学学报（自然科学版），2009，30（6）：889 - 892.

[70] 于术桐，黄贤金，李璐璐，等．中国各省区资源优势与经济优势比较研究［J］．长江流域资源与环境，2008（2）：190 - 195.

[71] 于涛方，甄峰，吴泓．长江经济带区域结构“核心 - 边缘”视角［J］．城市规划学刊，2007（3）：41 - 48.

[72] 袁微，张宁宁，张劼夫．从长江经济带11省市地方两会看发展走向［N］．新华社，2019 - 02 - 21.

[73] 曾召友，龙志和，等．基于Bayes理论的空间计量模型选择框架——以中国电信服务外溢性分析为例［J］．华东经济管理，2008，22（10）：61 - 64.

[74] 张乐勤，方宇媛．基于空间自相关分析的安徽省水资源生态压力空间格局探析［J］．水资源保护，2017，33（1）：38 - 42.

[75] 张泽义．环境污染、长江经济带绿色城镇化效率及其影响因素——基于综合城镇化视角［J］．财经论丛，2018（2）：3 - 10.

[76] 浙江省参与长江经济带建设实施方案（2016—2018年）［EB/OL］．http：//www.zj.gov.cn/art/2016/10/19/art_12461_286112.html.

[77] 郑长德．对外贸易与西部民族地区经济增长的经验分析［C］．中国政治经济学年会（CAPE）、中国人民大学经济学院、清华大学中国公有资产研究中心．第一届中国政治经济学年会应征论文集，2007：8.

[78] 周宁．基于改进生态足迹方法的重庆市生态承载力时空动态研究［D］.

重庆：重庆师范大学，2017.

[79] 周业付，罗晰．长江黄金水道建设与流域经济发展协调关系研究——基于主成分分析［J］．华东经济管理，2015，29（8）：67-70.

[80] 朱丽兰．西部大开发和比较优势［J］．管理现代化，2001（1）：4-5.

[81] 朱新玲，黎鹏，等．长江经济带生态足迹的驱动因素研究——以湖北省为例［J］．中南林业科技大学学报，2017，11（3）：8-13.

[82] Anselin L，Spatial Econometrics：Methods and Models［M］. Kluwer Academic Publishers，Dordrecht，1988.

[83] Barrow J. River Basin Development Planning and Management：A Critical Review［J］. World Development，1998，26（1）：171-186.

[84] Bicknell K B，Ball R J，CullenR，Bigsby H R. New Methodology for the Ecological Footprint with a Application to New Zealand Economy［J］. Ecological Economics，1998，27：149-160.

[85] Bradshaw M J，Vartapetov K. A New Perspective on Regional In-Equalities in Russia［J］. Eurasian Geography and Economics，2003，44（6）：403-429.

[86] Dombusch R，Fischer S，Samuelson P A. Comparative Advantage，Trade，and Payments in a Ricardian Model with a Continuum of Goods［J］. American Econmic Review，1977，67（5）：823-839.

[87] Femg J J. Usingcomposition of Land Multiplier to Estimate Ecological Footprints Associated with Production Activity［J］. Ecological Economies，2001，37（2）：159-172.

[88] Haberl H，Erb K H，Krausmann F，et al. How to Calculate and Interpret Ecological Footprints for Long Periods of Time：The Case of Austria 1926-1995［J］. Ecological Economics，2001，38（1）：25-45.

[89] Haberl H，Erb K H，Krausmann F. How to Calculate Interpret Ecological Footprints for Long Periods of Time：The Case of Austria 1926-1995［J］. Ecological Economics，2001，38：25-45.

[90] Hartwick J M，Naturalresources，National Accounting and Economic Depre-

viation [C]. J. Public Econ, Hansson, C－B, 1990, 43: 291－304.

[91] Heckscher E F, Ohlin B G, Flam H, et al. Heckscher-Ohlin TradeThory [M]. Cambridge: MIT Press, 1991.

[92] Jasson A M, ZucchettoJ, Energy, Economic and Ecological Relationships for Gotland, Sweden: A Regional System Study [C]. Swedish Natural Science Research Council, Ecological Bulletins, 1978.

[93] Jeroen C J M, et al. Spatial Sustainability, Trade and Indicators: An Evaluation of the Ecological Footprints [J]. Ecological Economics, 1999, 29: 61－72.

[94] Lenzen M, Murray S A. A Modified Ecological Footprint Method and Its Application to Australia [J]. Ecological Economics, 2001, 37: 229－255.

[95] Li X W, Yu X B, Jiang L G, et al. How Important are the Wetlands in the Midlle Lower Yangtze River Region: An Ecosystem Service Valuation Approach [J]. Ecosystem Services, 2014 (10): 54－60.

[96] Luo X L, Shen J F. A Study on Inter City Cooperation in the Yangtze River Delta Region, China [J]. Habitat International, 2009 (33): 52－62.

[97] MacDougall G D A. British and American Exports: A Study Suggested by the Theory of Comparative Costs, Part I [J]. The Economic Journal, 1951, 61 (244), 697－724.

[98] Maureen C, Matthew J C, Kathryn F, et al. The Economy as a Driver of Change in the Great Lakes-St. Lawrence River Basin [J]. Journal of Hydrology, 2014 (519): 2624－2631.

[99] Odum E P. Ecology: The Link Between the Natural and Social Sciences [M]. New York: Holt Saunders, 1975.

[100] Odum E P. Ecology and Our Endangered Life Support System [M]. Sunderland: Sinauer Associates, 1989.

[101] Paelinck J, Klaassen L. Spatial Econometrics [M]. Saxon House, Farnborough, 1979.

[102] Poon J P H. , Thompson E R. Convergence or Differentiation? American and Japanese Transnational Corporations in the Asia Pacific [J]. Geoforum, 2004, 35: 111 - 125.

[103] Rees W E, Wackernagel M. Urban Ecological Footprint: Why Cites Cannot be Sustainable and Why They are a Key to Sustainability [J]. Environmental Impact Assessment Review, 1996, 224 - 248.

[104] Rees W E. Ecological Footprint and Appropriated Carrying Capacity: What Urban Economics Leaves Out [J]. Environment and Urbanization, 1992, 4 (2): 121 - 130.

[105] Ricardo D. The Principles of Political Economy and Taxation [M]. The Eletric Book Company ltd 20 Cambridge Drive, London SE12 8AJ, 2001.

[106] Samuelson P A. International Trade and Equalisation of Factor Prices [J]. Economic Journal, 1948, 58 (230), 163 - 184.

[107] Tao Y, Zhang S L. Environmental efficiency of electric power industry in the Yangtze River Delta [J]. Mathematical and Computer Modelling, 2013 (58): 927 - 935.

[108] Vanenk J. The Factor Proportions Theory: The N-Factor Case [J]. Kykloss, 2007, 21 (4).

[109] Venetoulis J, Talberth J. Refining the Ecological Footprint [J]. Environment, Development and Sustainability, 2008, 10 (4): 441 - 469.

[110] Vitousek P, Ehrlich P, Ehrlich A, et al. Human appropriation of the products of photosynthesis [J]. BioScience, 1986, 36: 368 - 373.

[111] Wackemagel M, Monfreda C, Erb K H, Haberl H, Schulz N B. Ecological Footprint Time Series of Austria, the Philippines, and South Korea for 1961 - 1999: Comparing the Conventional Approach to an Actual Land Area Approach [J]. Land Use Policy, 2004, 21: 261 - 269.

[112] Wackemagel M, Onisto L, Bello P, et al. National Natural Capital Accounting with the Ecological Footprint Concept [J]. Ecological Economics,

1999, 29 (3): 375 –390.

[113] Wang L, Wong C, Duan X. Urban Growth and Spatial Restructuring Patterns: The Case of Yangtze River Delta Region, China [J]. Environment and Planning B: Planning and Design, 2015.

[114] Xu Y. Logistic Development Along the Yangtze River Economic Belt [M]// Wang L, Lee S J, Chen P. Contemporary Logistics in China: New Horizon and New Blueprint. Singapore: Spinger Singapore, 2016: 121 –152.

[115] Yue W, Zhang L, Liu Y. Measuring Sprawl in Large Chinese Cities along the Yangtze River Via Combined Single and Multidimensional Metrics [J]. Habitat International, 2016, 57: 43 –52.

[116] Zheng D, Zhang Y, Zang Z, et al. The Driving Forces and Synergistic Effect Between Regional Economic Growth, Resources and the Environment in the Yangtze River Economic Zone [J]. Journal of Resources and Ecology, 2014, 5 (3): 203 –210.